高空作业机械从业人员安全技术职业培训教材

高处作业吊篮操作工

中国建设劳动学会建设安全专业委员会
江苏省高空机械吊篮协会　组织编写
无锡市住房和城乡建设局
　　　　　　　　喻惠业　吴　杰　主　　编

中国建筑工业出版社

图书在版编目（CIP）数据

高处作业吊篮操作工/中国建设劳动学会建设安全专业委员会，江苏省高空机械吊篮协会，无锡市住房和城乡建设局组织编写；喻惠业，吴杰主编 .— 北京：中国建筑工业出版社，2021.7（2023.5 重印）

高空作业机械从业人员安全技术职业培训教材

ISBN 978-7-112-26364-6

Ⅰ. ①高… Ⅱ. ①中… ②江… ③无… ④喻… ⑤吴… Ⅲ. ①高空作业—安全培训—教材 Ⅳ. ① TU744

中国版本图书馆 CIP 数据核字（2021）第 140881 号

高空作业机械从业人员安全技术职业培训教材

高处作业吊篮操作工

中国建设劳动学会建设安全专业委员会
江苏省高空机械吊篮协会 组织编写
无锡市住房和城乡建设局

喻惠业 吴杰 主 编

*

中国建筑工业出版社出版、发行（北京海淀三里河路9号）

各地新华书店、建筑书店经销

北京建筑工业印刷厂制版

天津翔远印刷有限公司印刷

*

开本：850毫米×1168毫米 1/32 印张：7⅜ 字数：198千字

2021年8月第一版 2023年5月第二次印刷

定价：30.00元

ISBN 978-7-112-26364-6

（37771）

随着社会经济高速发展，建筑物高度越来越高，施工速度越来越快，高处作业吊篮替代传统脚手架进行装饰、装修及各类外墙施工，在建筑施工现场获得越来越广泛应用，尤其在高层超高层建筑施工中，已经成为不可或缺的高空载人施工配套设备。由于高处作业吊篮使用、安装或拆卸不当，机毁人亡的安全事故时有发生，因此，高处作业吊篮操作工、安装拆卸工和维修工接受系统的安全技术职业培训考核，持证上岗是十分必要的。

本教材共分 9 章，包括：职业道德与施工安全基础知识、高处作业吊篮概述、高处作业吊篮基本构造与工作原理、高处作业吊篮安全技术要求、高处作业吊篮的安装、高处作业吊篮的拆卸、高处作业吊篮的安全操作、高处作业吊篮的维护与保养和高处作业吊篮事故案例分析等内容。

本着科学、实用、适用的原则，本教材内容深入浅出，语言通俗易懂，形式图文并茂，系统性、权威性、可操作性强。既可作为职业技能提升培训教材，也可作为施工现场有关人员常备参考书和自学用书。

责任编辑：王华月　张　磊　范业庶
责任校对：张　颖

高空作业机械从业人员安全技术职业培训教材
编审委员会

主　　　任：吴仁山　喻惠业　闵向林

副　主　任：吴　杰　吴灿彬　孙　佳　刘志刚　薛抱新
　　　　　　张　帅　汤　剑　李　敬

编委会成员：（按姓氏笔画排序）

戈振华　田常录　朱建伟　杜景鸣　吴仁兴
吴占涛　张大骏　张占强　张京雄　张鹏涛
陈伟昌　陈敏华　金惠昌　周铁仁　俞莉梨
费　强　章宝俊　葛伊杰　董连双　谢仁宏
谢建琳　鲍煜晋　强　明　蔡东高

顾　　　问：鞠洪芬　张鲁风

本书编委会

主　　编：喻惠业　吴　杰

副 主 编：吴灿彬　陈敏华　杜景鸣

审核人员：吴仁山　闵向林　孙　佳

编写人员：刘志刚　金惠昌　张京雄　张　帅　鲍煜晋
　　　　　蔡东高　陈伟昌　强　明　葛伊杰　周铁仁
　　　　　张鹏涛　费　强　吴仁兴　朱建伟　董连双
　　　　　戈振华　俞莉梨　章宝俊

序　言

随着我国现代化建设的飞速发展，一大批高空作业机械设备应运而生，逐步取代传统脚手架和吊绳坐板（俗称"蜘蛛人"）等落后的载人登高作业方式。高空作业机械设备的不断涌现，不仅有效地提高了登高作业的工作效率、改善了操作环境条件、降低了工人劳动强度、提高了施工作业安全性，而且极大地发挥了节能减排的社会效益。

高空作业机械虽然相对于传统登高作业方式大大提高了作业安全性，但是它仍然属于危险性较大的高处作业范畴，而且还具有机械设备操作的危险性。虽然高空作业机械按照技术标准与设计规范均设有全方位、多层次的安全保护装置，但是这些安全保护装置与安全防护措施必须在正确安装、操作、维护、修理和科学管理的前提下才能有效发挥其安全保护作用。因此，高空作业机械对于作业人员的理论水平、实际操作技能等综合素质提出了更高的要求。面对全国数百万乃至上千万从事高空作业机械操作、安装、维修的高危作业人员，亟待进行系统专业的安全技术职业培训，提升其职业技能和职业素质。

为加强建筑施工安全管理，提高高危作业施工人员的职业技能和职业素质，根据《国务院办公厅关于印发职业技能提升行动方案（2019—2021年）》（国办发〔2019〕24号）文件精神，中国建设劳动学会建设安全专业委员会、江苏省高空机械吊篮协会和无锡市住房和城乡建设局共同组织编写了《高空作业机械从业人员安全技术职业培训教材》系列丛书。

中国建设劳动学会建设安全专业委员会是由住房和城乡建设行业从事工程建设活动、建设安全服务、建设职业技能教育、职业技能评估、安全教育培训、建设安全产业等企事业单位及相关专家、学者组成的全国性学术类社团分支机构。其基本宗旨：深入贯彻落实党中央、国务院关于加强安全生产工作的重大决策部署，坚持人民至上、生命至上、安全第一、标本兼治安全发展理念，加强学术理论研究，指导与推进住房和城乡建设系统从业人员安全教育培训和高素质产业工人队伍建设，大力推进建筑施工、市政公用设施、城镇房屋、农村住房、城市管理等重点领域安全生产工作持续深入卓有成效开展，为新时代住房和城乡建设高质量发展提供坚实的人才支撑与安全保障。其主要任务是开展住房和城乡建设系统从业人员安全教育培训体系研究；组织制定各专业领域建设安全培训考评标准体系、教材体系；指导与推进从业人员安全培训基地建设与人员培训监管工作；开展建设安全科普教育，组织开展建设安全社会宣传；开展建设安全咨询服务；开展建设安全国际交流与合作；完成中国建设劳动学会委托的相关任务。

江苏是建筑大省，无锡是高空机械"吊篮之乡"。江苏省高空机械吊篮协会是全国唯一的专门从事高空作业机械工程技术研究与施工安全管理的专业性协会，汇聚了全行业绝大多数知名专家，承担过国家"十一五""十二五"和"十三五"科技支撑计划重点项目；获得过国家建设科技"华夏奖"等重大奖项；拥有数百项国家专利；参与过国家住房和城乡建设部重大课题研究，起草过全国性技术法规；主编和参与编制《高处作业吊篮》《擦窗机》《导架爬升式工作平台》等高空作业机械领域的全部国家标准；参与编写过《高处施工机械设施安全实操手册》《高空清洗作业人员实用操作安全技术》《高空作业机械安全操作与维修》《建筑施工高处作业机械安全使用与事故分析》和《高处作业吊篮安装拆卸工》等全国性职业安全技术培训教材。

作为"吊篮之乡"的地方政府建设主管部门——无锡市住房和城乡建设局在全国率先出台过众多关于加强对高处作业吊篮等高空作业机械施工安全管理方面文件与政策，为加强安全生产与管理，引领行业良性循环发展，起到了积极的指导作用。

本系列教材首批出版发行的是《高处作业吊篮操作工》《附着升降脚手架安装拆卸工》《施工升降平台操作安装维修工》和《擦窗机操作安装维修工》等四个工种的安全技术培训教材，今后还将陆续分批出版发行本职业其他工种的培训教材。

本系列教材的编写工作，得到了沈阳建筑大学、湖南大学、高空机械工程技术研究院、申锡机械集团有限公司、无锡市小天鹅建筑机械有限公司、无锡天通建筑机械有限公司、上海再瑞高层设备有限公司、上海普英特高层设备股份有限公司、中宇博机械制造股份有限公司、上海凯博高层设备有限公司、无锡安高检测有限公司、雄宇重工集团股份有限公司、无锡驰恒建设有限公司、成都嘉泽正达科技有限公司、无锡城市职业技术学院和江苏鼎都检测有限公司以及有关方面专家们的大力支持，并分别承担了本系列教材各书的编写工作，在此一并致谢！

本系列教材主要用于高空作业机械从业人员职业安全技术培训与考核，也可作为专业院校和培训机构的教学用书。不妥之处，敬请广大读者提出宝贵意见。

高空作业机械从业人员安全技术职业培训教材编审委员会

前　言

为加强建筑施工安全管理，提高高危作业施工人员的职业技能和职业素质，弘扬大国工匠精神，保护施工人员生命安全和身体健康，根据《国务院办公厅关于印发职业技能提升行动方案（2019—2021年）》（国办发〔2019〕24号）文件精神，积极配合政府主管部门开展高危作业人员职业技能培训提升工作，我们编写了《高处作业吊篮操作工》安全技术职业培训教材。

随着社会经济高速发展，建筑物高度越来越高，施工速度越来越快，高处作业吊篮替代传统脚手架进行装饰、装修及各类外墙施工，在建筑施工现场获得越来越广泛应用，尤其在高层超高层建筑施工中，已经成为不可或缺的高空载人施工配套设备。

由于高处作业吊篮使用、安装或拆卸不当，机毁人亡的安全事故时有发生，因此，高处作业吊篮操作工、安装拆卸工和维修工接受系统的安全技术职业培训考核，持证上岗是十分必要的。

本教材共分9章，包括：职业道德与施工安全基础知识、高处作业吊篮概述、高处作业吊篮基本构造与工作原理、高处作业吊篮安全技术要求、高处作业吊篮的安装、高处作业吊篮的拆卸、高处作业吊篮的安全操作、高处作业吊篮的维护与保养和高处作业吊篮事故案例分析等内容。本着科学、实用、适用的原则，本教材内容深入浅出，语言通俗易懂，形式图文并茂，系统性、权威性、可操作性强。既可作为职业技能提升培训教材，也可作为施工现场有关人员常备参考书和自学用书。

本教材由喻惠业和吴杰高级工程师主编，吴仁山教授、闵向林副处长和孙佳博士审核。在教材编写过程中得到吴灿彬、刘志刚、陈敏华、杜景鸣、金惠昌、张京雄、张帅、鲍煜晋、葛伊杰、周铁仁、蔡东高、陈伟昌、张鹏涛、吴仁兴、费强、朱建伟、董连双、强明、戈振华、俞莉梨和章宝俊等专家的积极参与和支持，谨此表示感谢！存在不妥之处，欢迎广大读者批评指正。

编　者
2021 年 5 月

目　　录

第一章　职业道德与施工安全基础知识

第一节　职业道德基础教育

一、职业道德的基本概念

1. 什么是职业道德

职业道德是指从事一定职业的从业人员在职业活动中应当遵循的道德准则和行为规范，是社会道德体系的重要组成部分，是社会主义核心价值观的具体体现。职业道德通过人们的信念、习惯和社会舆论而起作用，成为人们评判是非、辨别好坏的标准和尺度，从而促使人们不断增强职业道德观念，不断提高社会责任和服务水平。

2. 职业道德的主要内容

职业道德主要包括：职业道德概念、职业道德原则、职业道德行为规范、职业守则、职业道德评价、职业道德修养等。

良好的职业道德是每个职业的从业人员都必须具备的基本品质，良好的职业修养是每一名优秀的职业从业人员必备的素质，这两点是职业对从业人员最基本的规范和要求，同时也是每个职业从业人员担负起自己的工作责任必备的素质。

3. 职业道德的涵义

（1）职业道德是一种职业规范，受社会普遍的认可。

（2）职业道德是长期以来自然形成的。

（3）职业道德没有确定的形式，通常体现为观念、习惯、信念等。

（4）职业道德依靠文化、内心信念和习惯，通过职工的自律来实现。

（5）职业道德大多没有实质的约束力和强制力。

（6）职业道德的主要内容是对职业人员义务的要求。

（7）职业道德标准多元化，代表了不同职业可能具有不同的职业价值观。

（8）职业道德承载着职业文化和凝聚力，影响深远。

二、职业道德的基本特征

1. 具有普遍性

各行各业的从业者都应当共同遵守基本职业道德行为规范，且在全世界的所有职业的从业者都有着基本相同的职业道德规范。

2. 具有行业性

职业道德具有适用范围的有限性。各行各业都担负着一定的职业责任和职业义务。由于各行各业的职业责任和义务不同，从而形成各自特定的行业职业道德的具体规范。职业道德的内容与职业实践活动紧密相连，反映着特定行业的职业活动对其从业人员行为的具体道德要求。

3. 具有继承性

职业道德具有发展的历史继承性。由于职业具有不断发展和世代延续的特征，不仅其技术世代延续，其管理员工的方法、与服务对象打交道的方式，也有一定历史继承性。在长期实践过程中形成的职业道德内容，会被作为经验和传统继承下来，如"有教无类""童叟无欺"和"修合无人见，存心有认知"等千年古训，都是所在行业流传至今的职业道德。

4. 具有实践性

职业行为过程，就是职业实践过程，只有在实践过程中，才能体现出职业道德的水准。职业道德的作用是调整职业关系，对从业人员职业活动的具体行为进行规范，解决现实生活中的具体道德冲突。一个从业者的职业道德知识、情感、意志、信念、觉悟、良心等都必须通过职业的实践活动，在自己的行为中表现出来，并且接受行业职业道德的评价和自我评价。

5. 具有多样性

职业道德表达形式多种多样。不同的行业和不同的职业，有不同的职业道德标准，且表现形式灵活多样。职业道德的表现形式总是从本职业的交流活动实际出发，采用诸如制度、守则、公约、承诺、誓言、条例等形式，乃至标语口号之类加以体现，既易于为从业人员接受和实行，而且便于形成一种职业的道德习惯。

6. 具有自律性

从业者通过对职业道德的学习和实践，逐渐培养成较为稳固的职业道德习惯与品质。良好的职业道德形成以后，又会在工作中逐渐形成行为上的条件反射，自觉地选择有利于社会、有利于集体的行为。这种自觉性就是通过自我内心职业道德意识、觉悟、信念、意志、良心的主观约束控制来实现的。

7. 具有他律性

道德行为具有受舆论影响与监督的特征。在职业生涯中，从业人员随时都要受到所从事职业领域的职业道德舆论的影响与监督。实践证明，创造良好职业道德的社会氛围、职业环境，并通过职业道德舆论的宣传与监督，可以有效地促进人们自觉遵守职业道德，并实现互相监督，共同提升道德境界。

三、职业道德的主要作用

1. 加强职业道德是提高从业人员责任心的重要途径

职业道德要求把个人理想同各行各业、各个单位的发展目标结合起来，同个人的岗位职责结合起来，以增强员工的职业观念、职业事业心和职业责任感。职业道德要求员工在本职工作中不怕艰苦，勤奋工作，既讲团结协作，又争个人贡献，既讲经济效益，又讲社会效益。加强职业道德要求，紧密联系本行业本单位的实际，有针对性地解决存在的问题。

2. 加强职业道德是促进企业和谐发展的迫切要求

职业道德的基本职能是调节职能，一方面可以调节从业人员内部的关系，即运用职业道德规范约束职业内部人员的行为，促进职业内部人员的团结与合作，加强职业、行业内部人员的凝聚力；另一方面，职业道德又可以调节从业人员与服务对象之间的关系，用来塑造本职业从业人员的社会形象。

3. 加强职业道德是提高企业竞争力的必要措施

当前市场竞争激烈，各行各业都讲经济效益，要求企业的经营者在竞争中不断开拓创新。在企业中加强职业道德教育，使得企业在追求自身利润的同时，又能创造好的社会效益，从而提升企业形象，赢得持久而稳定的市场份额；同时，也使企业内部员工之间相互尊重、相互信任、相互合作，从而提高企业凝聚力，企业方能在竞争中稳步发展。

4. 加强职业道德是个人健康发展的基本保障

市场经济对于职业道德建设有其积极一面，也有消极的一面。提高从业人员的道德素质，树立职业理想，增强职业责任感，形成良好的职业行为，抵抗物欲诱惑，不被利欲所熏心，才能脚踏实地在本行业中追求进步。在社会主义市场经济条件下，只有具备职业道德精神的从业人员，才能在社会中站稳脚跟，成为社会的栋梁之材，在为社会创造效益的同时，也保障了自身的健康发展。

5. 加强职业道德教育是提高全社会道德水平的重要手段

职业道德是整个社会道德的主要组成部分。它一方面涉及每个从业者如何对待职业，如何对待工作，同时也是一个从业人员的生活态度、价值观念的表现，是一个人的道德意识和道德行为发展到成熟阶段的体现，具有较强的稳定性和连续性。另一方面，职业道德也是一个职业集体甚至一个行业全体人员的行为表现，如果每个行业、每个职业集体都具备优良的职业道德，那么对整个社会道德水平的提高就会发挥重要作用。

四、职业道德基本规范与职业守则

1. 职业道德基本规范

职业道德的基本规范是爱岗敬业，忠于职守；诚实守信，办事公道；遵纪守法，廉洁奉公；服务群众，奉献社会。

（1）爱岗敬业

爱岗敬业是爱岗与敬业的总称。爱岗和敬业，互为前提，相互支持，相辅相成。"爱岗"是"敬业"的基石，"敬业"是"爱岗"的升华。

爱岗：就是从业人员首先要热爱自己的工作岗位，热爱本职工作，才能安心工作、献身所从事的行业，把自己远大的理想和追求落到工作实处，在平凡的工作岗位上做出非凡的贡献。

敬业：是从业人员职业道德的内在要求，是要以一种严肃认真的态度对待工作，工作勤奋努力，精益求精，尽心尽力，尽职尽责。敬业是随着市场经济市场的发展，对从业人员的职业观念、态度、技能、纪律和作风都提出的新的更高的要求。

（2）忠于职守

忠于职守有两层含义：一是忠于职责，二是忠于操守。忠于职责，就是要自动自发地担当起岗位职能设定的工作责任，优质高效地履行好各项义务。忠于操守，就是为人处事必须忠诚地遵守一定的社会法则、道德法则和心灵法则。

忠于职守就是要把自己职业范围内的工作做好，努力达到工作质量标准和规范要求。

2. 职业守则

职业守则就是从事某种职业时必须遵循的基本行为规则，也称准则。每一个行业都有必须遵守的行为规则，把这种规则用文字形态列成条款，形成每一个成员必须遵守的规定，叫职业守则。

机械行业的职业守则至少应包括以下内容：

（1）遵守法律法规。

（2）具有高度的责任心。

（3）严格执行机械设备安全操作规程。

第二节　高空作业机械从业人员的职业道德

一、高空作业机械行业的职业特点

1. 高空作业机械设备具有双重危险性

高处作业吊篮、擦窗机、施工升降平台和附着升降脚手架等等高空作业机械设备，既具有高处作业的危险性，同时又具备机械设备操作的双重危险性。

高空作业机械从业人员最突出的职业特点是，所面对的设备设施都是载人高处作业的，其操作具有极大的危险性，稍有不慎就可能造成对本人或对他人的伤害。高空作业机械作业的高危性决定了从业人员必须具备良好的职业道德和职业素养。

2. 高空作业机械设备比特种设备具有更大的危险性

虽然目前许多高空作业机械设备尚未被国家列入特种设备目录，但是其操作的高危性丝毫不亚于塔式起重机和施工升降机等建筑施工特种设备。而且高空作业机械设备载人高空作业，如若操作不当，非常容易发生人员伤亡事故。

据不完全统计，目前全国每年发生的载人高空作业机械设备安全事故高达数十起，伤亡上百人，而且机毁人亡的恶性事故占绝大多数。

3. 高空机械作业人员应培训持证上岗

2010 年 5 月，国家安全生产监督管理总局令 第 30 号《特种作业人员安全技术培训考核管理规定》第三条：本规定所称特种作业，是指容易发生事故，对操作者本人、他人的安全健康及设备、设施的安全可能造成重大危害的作业。

第 30 号令在附件《特种作业目录》中规定："3　高处作业……。适用于利用专用设备进行建筑物内外装饰、清洁、装修，电力、电信等线路架设，高处管道架设，小型空调高处安装、维修，各种设备设施与户外广告设施的安装、检修、维护以及在高处从事建筑物、设备设施拆除作业。"，明确将"高处作业"列入了"特种作业目录"，而且将"利用专用设备进行作业"包括在"高处作业"的适用范围内。显然，利用高空作业机械进行作业应当包括在"高处作业"的范围内，直接从事高空作业机械操作、安装、拆卸和维修的人员都应当属于特种作业人员。

2014年8月，颁布的《中华人民共和国安全生产法》第二十七条进一步规定："生产经营单位的特种作业人员必须按照国家有关规定经专门的安全作业培训，取得相应资格，方可上岗作业。"

二、高空作业机械从业人员应当具备的职业道德

1. 建筑施工行业对职业道德规范要求

高空作业机械设备主要应用于建筑施工领域，从属于建筑施工行业。根据住房和城乡建设部发布的《建筑业从业人员职业道德规范（试行）》[（97）建建综字第33号]，对施工作业人员职业道德规范要求如下：

（1）苦练硬功，扎实工作。刻苦钻研技术，熟练掌握本工程的基本技能，努力学习和运用先进的施工方法，练就过硬本领，立志岗位成才。热爱本职工作，不怕苦、不怕累，认认真真，精心操作。

（2）精心施工，确保质量。严格按照设计图纸和技术规范操作，坚持自检、互检、交接检制度，确保工程质量。

（3）安全生产，文明施工。树立安全生产意识，严格执行安全操作规程，杜绝一切违章作业现象。维护施工现场整洁，不乱倒垃圾，做到工完场清。

（4）争做文明职工，不断提高文化素质和道德修养，遵守各项规章制度，发扬劳动者的主人翁精神，维护国家利益和集体荣誉，服从上级领导和有关部门的管理，争做文明职工。

2. 高危作业人员职业道德的核心内容

（1）安全第一

必须坚持"预防为主、安全第一、综合治理"的方针，严格遵守操作规程，强化安全意识，认真执行安全生产的法律、法规、标准和规范，杜绝"三违"（违章指挥，违章操作，违反劳动纪律）现象。在工作中具有高度责任心。努力做到"三不伤害"（即：不伤害自己、不伤害他人、不被他人所伤害），树立绝不能因为自己的一时疏忽大意，而酿成机毁人亡的惨痛结果的职业道德意识。

（2）诚实守信

诚实守信作为社会主义职业道德的基本规范，是和谐社会发展的必然要求，它不仅是建设领域职工安身立命的基础，也是企业赖以生存和发展的基石。操作人员要言行一致，表里如一，真实无欺，相互信任，遵守诺言，忠实地履行自己应当承担的责任和义务。

（3）爱岗敬业

高空作业机械的主要服务领域是我国支柱产业之一的建筑业。高空作业机械作为替代传统脚手架进行高处接近作业的设备，完全符合国家节能减排的产业政策，具有极强的生命力。我国高空作业机械行业经历了40多年的发展，目前正处在高速发展的上升阶段，属于极具发展潜力的朝阳产业。作为高空作业机械行业的从业人员应该充分体会到工作的成就感和职业的稳定感，应该为自己能在本职岗位上为国家与社会做贡献而感到骄傲和自豪。

（4）钻研技术

从业人员要努力学习科学文化知识，刻苦钻研专业技术，苦练硬功，扎实工作，熟练掌握本职工作的基本技能，努力学习和运用先进的施工方法，精通本岗位业务，不断提高业务能力。对待本职工作要力求做到精益求精永无止境。要不断学习和提高职业技能水平，服务企业，服务行业，为社会做出更多、更大的贡献。

（5）遵纪守法

自觉遵守各项相关的法律、法规和政策；严格遵守本行业和本企业的规章制度、安全操作规程和劳动纪律；要公私分明，不损害国家和集体的利益，严格履行岗位职责，勤奋努力工作。

第三节　建筑施工安全有关规定

一、相关法规对建筑安全生产的规定

1.《中华人民共和国宪法》

《中华人民共和国宪法》规定，国家通过各种途径，创造劳动就业条件，加强劳动保护，改善劳动条件，并在发展生产的基础上，提高劳动报酬和福利待遇。

2.《中华人民共和国安全生产法》

《中华人民共和国安全生产法》规定，生产经营单位必须遵守本法和其他有关安全生产的法律、法规，加强安全生产管理，建立、健全安全生产责任制和安全生产规章制度，改善安全生产条件，推进安全生产标准化建设，提高安全生产水平，确保安全生产。

第一百零九条，对生产安全事故发生负有责任的生产经营单位，安监部门将对其处以罚款。

发生一般事故（指造成 3 人以下死亡，或者 10 人以下重伤，或者 1000 万元以下直接经济损失的事故）的，处二十万元以上五十万元以下的罚款。

发生较大事故（指造成 3 人（含 3 人）以上 10 人以下死亡，或者 10 人（含 10 人）以上 50 人以下重伤，或者 1000 万元（含 1000 万元）以上 5000 万元以下直接经济损失的事故）的，处五十万元以上一百万元以下的罚款。

发生重大事故（指造成 10 人（含 10 人）以上 30 人以下死亡，或者 50 人（含 50 人）以上 100 人以下重伤，或者 5000 万元（含 5000 万元）以上 1 亿元以下直接经济损失的事故）的，处一百万元以上五百万元以下的罚款。

发生特别重大事故（指造成 30 人（含 30 人）以上死亡，或者 100 人（含 100 人）以上重伤，或者 1 亿元（含 1 亿元）以上直接经济损失的事故）的，处五百万元以上一千万元以下的罚款；情节特别严重的，处一千万元以上二千万元以下的罚款。

3. 《中华人民共和国建筑法》

第五章对建筑安全生产管理作出专门规定：

（1）建筑施工企业必须依法加强对建筑安全生产的管理，执行安全生产责任制度，采取有效措施，防止伤亡和其他安全生产事故的发生。

（2）建筑施工企业应当建立健全劳动安全生产教育培训制度，加强对职工安全生产的教育培训；未经安全生产教育培训的人员，不得上岗作业。

（3）建筑施工企业和作业人员在施工过程中，应当遵守有关安全生产的法律、法规和建筑行业安全规章、规程，不得违章指挥或者违章作业。作业人员有权对影响人身健康的作业程序和作业条件提出改进意见，有权获得安全生产所需的防护用品。作业人员对危及生命安全和人身健康的行为有权提出批评、检举和控告。

4. 《建设工程安全生产管理条例》

《建设工程安全生产管理条例》规定：

（1）垂直运输机械作业人员、安装拆卸工、爆破作业人员、起重信号工、登高架设作业人员等特种作业人员，必须按照国家有关规定经过专门的安全作业培训，并取得特种作业操作资格证书后，方可上岗作业。

（2）施工单位应当在施工现场入口处、施工起重机械、临时用电设施、脚手架、出入通道口、楼梯口、电梯井口、孔洞口、桥梁口、隧道口、基坑边沿、爆破物及有害危险气体和液体存放处等危险部位，设置明显的安全警示标志。安全警示标志必须符合国家标准。

（3）施工单位应当根据不同施工阶段和周围环境及季节、气候的变化，在施工现场采取相应的安全施工措施。施工现场暂时停止施工的，施工单位应当做好现场防护，所需费用由责任方承担，或者按照合同约定执行。

（4）施工单位应当向作业人员提供安全防护用具和安全防护服装，并书面告知危险岗位的操作规程和违章操作的危害。

（5）作业人员有权对施工现场的作业条件、作业程序和作业方式中存在的安全问题提出批评、检举和控告，有权拒绝违章指挥和强令冒险作业。

（6）在施工中发生危及人身安全的紧急情况时，作业人员有权立即停止作业或者在采取必要的应急措施后撤离危险区域。

二、施工安全的重要性

施工安全是关系着国家与企业财产和人民生命安全的大事，是一切生产活动的根本保证。

1. 施工安全是施工企业经营活动的基本保证

只有在安全的环境中和有保障的条件下，操作人员才能毫无后顾之忧的，集中精力投入施工作业中，并且激发出极大的工作热情和积极性，从而提高劳动生产率，提高企业经济效益，使企业的生产经营活动得以稳定、顺利、正常地进行。

相反，在安全毫无保障或环境危险恶劣的条件下作业，操作人员必然提心吊胆、瞻前顾后，影响作业积极性和劳动生产率。如果安全事故频发，必然影响企业经济效益和职工情绪。一旦发生人身伤亡事故，不但伤亡者本身失去了宝贵的生命或造成终身残疾或承受肉体痛苦，而且给其家庭带来精神痛苦和无法弥补的损失。同时破坏了企业的正常生产秩序，损毁了企业形象。

安全生产既关系到职工及家庭的痛苦与幸福，又关系到企业的经济效益和企业的兴衰命运。施工安全是施工企业生产经营活动顺利进行的基本保证。

2. 安全生产是社会主义企业管理的基本原则之一

劳动者是社会生产力中最重要的因素，保护劳动者的安全与健康是党和国家的一贯方针。安全生产是维护工人阶级和劳动人民根本利益的，是党和国家制定企业管理政策、制度和规定的基础。

发展社会主义经济的目的之一就是满足广大人民日益增长的物质和精神生活的需要。重视安全生产，狠抓安全生产，把安全生产作为社会主义企业管理的一项基本原则，这是党和国家对劳动者切身利益的关心与体贴，充分体现了社会主义制度的优越性。

为了防止人身伤亡事故的发生，保护国家财产不受损失，党和政府颁布了一系列关于安全生产的政策和法令，把安全生产作为评定和考核企业的重要标准，实行安全一票否决的考核制度，还规定了劳动者有要求在劳动中保护安全和健康的权利。

3. 如何做到安全生产

（1）安全生产必须全员（包括经营者、领导者、管理者和劳动者）参与，高度重视。人人树立"安全第一"的思想，环环紧扣，不留盲区和死角。

（2）安全生产必须坚持"预防为主"，防患于未然，杜绝事故发生，避免"马后炮"。

（3）安全生产必须依靠群众才有基础和保证。每个劳动者都是安全生产的执行者，也是安全生产的责任人。安全生产与群众息息相关，密不可分。

（4）安全工作是一项长期的、经常性的艰苦细致的工作。必须常抓不懈，一丝不苟，警钟长鸣才能保证安全生产。

（5）要在不断增强全体员工安全观念和安全意识的同时，采用科学先进的方法加强安全技术知识的教育和培训，不断提高员工的安全科学知识和安全素质。

（6）高空作业机械行业的从业人员，从事着危险性极大的工作，直接关系着作业的安全。所以必须遵守各项安全规章制度，严格按照安全操作规程进行操作，确保作业安全。

第四节　建筑施工安全基础知识

一、建筑施工高处作业

1. 高处作业基本概念

《高处作业分级》GB/T 3608—2008 规定：凡在坠落高度基准面 2m 或 2m 以上有可能坠落的高处进行的作业，称为高处作业。

在建筑施工中，涉及高处作业的范围相当广泛。高处坠落事故是建筑施工中发生频率最高的事故之一。

2. 高处作业分级

《高处作业分级》GB/T 3608—2008 规定：

作业高度在 2～5m 时，称为Ⅰ级高处作业；

作业高度在 5～15m 时，称为Ⅱ级高处作业；

作业高度在 15～30m 时，称为Ⅲ级高处作业；

作业高度在 30m 以上时，称为Ⅳ（特级）高处作业。

随着我国超高层建筑迅速发展，高空作业机械升空作业高度不断增加，已由 20 世纪 80 年代的 50～60m，增加到目前的 100～200m，甚至高达数百米。由于升空作业高度远远大于 30m，因此属于典型的特级高处作业，具有重大危险性。

3. 高处作业可能坠落半径范围 *R*

作业高度在 2～5m 时，*R* 为 3m；

作业高度在 5～15m 时，*R* 为 4m；

作业高度在 15～30m 时，*R* 为 5m；

作业高度在 30m 以上时，*R* 为 6m。

二、高处作业的安全防护

1. 常用安全防护用品

在施工生产过程中能够起到人身保护作用，使作业人员免遭或减轻人身伤害、职业危害所配备的防护装备，称为安全防护用品也称劳动防护用品。

高处作业属于危险性较大的作用方式，属于特种作业，高处作业人员个人安全防护十分必要。如图1-1所示，对高处作业人员应进行全面防护，以降低其施工安全风险。

正确佩戴和使用劳动防护用品，可以有效防止以下情况发生：

（1）从事高空作业的人员，系好安全带可以防止高空坠落；

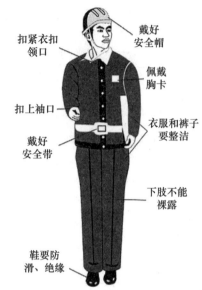

图1-1 个人安全防护

（2）从事电工（或手持电动工具）作业，穿好绝缘鞋可以预防触电事故发生；

（3）穿好工作服，系紧袖口，可以避免发生机械缠绕事故；

（4）戴好安全帽，可避免或减轻物体坠落或头部受撞击时的伤害。

由于安全帽、安全带和安全网对于建筑工人安全防护的重要性，所以被称为建筑施工"安全三宝"。

正确佩戴与合理使用安全帽、安全带和防坠安全绳对于高空作业机械作业人员是十分重要的，对此进行重点介绍。

2. 安全帽的正确使用

安全帽被称为"安全三宝"之一，是建筑工人尤其是高空作业人员保护头部，防止和减轻事故伤害，保证生命安全的重要个人防护用品。因此，不戴安全帽一律不准进入施工现场，一律不准进行高空作业机械作业，并要正确戴好安全帽。

安全帽是用来保护人体头部而佩戴的具有一定强度的圆顶型

防护用品。安全帽的作用是对人体头部起防护作用，防止头部受到坠落物及其他特定因素的冲击造成伤害。

（1）安全帽的正确佩戴方法

1）在佩戴安全帽前，应将帽后调整带按使用者的头型尺寸调整到合适的位置，然后将帽内弹性带系牢。

2）如图 1-2 所示，缓冲衬垫的松紧由带子调节，人的头顶和帽体顶部的空间垂直距离一般在 25 ～ 50mm 之间，以 32mm 左右为宜。这样才能保证当遭受到冲击时，帽体有足够的空间可供缓冲，平时也有利于头部和帽体间的通风。

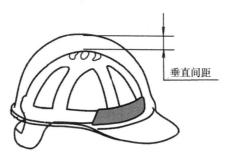

垂直间距

图 1-2　帽顶内部空间

3）必须将安全帽戴正、戴牢，不能晃动，否则，将降低安全帽对于冲击的防护作用。

4）下颏带必须扣牢在颏下，且松紧适度，并调节好后箍。以防安全帽被大风吹落，或被其他障碍物碰掉，或由于头部的前后摆动，致使安全帽脱落。

5）严禁使用帽内无缓冲层的安全帽。

（2）安全帽使用注意事项

1）新领用的安全帽，应检查是否具有允许生产的标志及产品合格证，再看是否存在破损、薄厚不均，缓冲层、调整带和弹性带是否齐全有效。不符合规定的应要求立即调换。

2）在使用之前，应仔细检查安全帽的外观是否存在裂纹、磕碰伤痕、凸凹不平、过度磨损等缺陷，帽衬是否完整、结构是否处于正常状态。发现安全帽存在异常现象要立即更换，不得使用。

3）由于安全帽在使用过程中，会逐渐老化或损坏，故应定期检查有无龟裂、凹陷、裂痕和严重磨损等情况。安全帽上如存在影响其性能的明显缺陷就应及时报废，以免影响防护作用。

4）任何受过重击或有裂痕的安全帽，不论有无其他损坏现象，均应报废。

5）应保持安全帽的整洁，不得接触火源、任意涂刷油漆或当凳子使用等有可能损伤安全帽的行为。

6）安全帽不得在酸、碱或其他化学污染的环境中存放，不得放置在高温、日晒或潮湿的场所中，以免加速老化变质。

3. 安全带的正确使用

安全带也是建筑施工"安全三宝"之一，是防止高处作业人员发生坠落或发生坠落后将作业人员安全悬挂的个体防护装备。

高空作业机械作业人员应配备如图 1-3 所示的坠落悬挂安全带，又称全身式高空作业安全带。

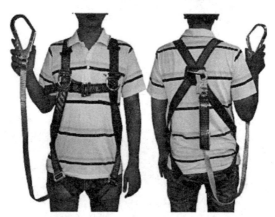

图 1-3　全身式高空作业安全带

（1）安全带的组成及各组成部分作用

如图 1-4 所示，安全带是由系带、连接绳、扣件和连接器等组成。

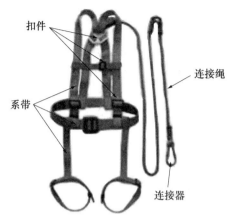

扣件

连接绳

系带

连接器

图1-4　安全带的组成

1）系带由腰带、护腰带、前胸连接带、背带和腿带等带子组成，用于坠落时支撑人体，分散冲击力，避免人体受到伤害。

2）连接绳或称短绳，用于连接系带和自锁器或其他连接器。

3）连接器是具有活门的连接部件，将连接绳与挂点连接在一起。自锁器是一种具有自锁功能的连接器。

4）扣件包括扎紧扣和调节扣，用于连接、收紧和调节各种带子。

（2）安全带的正确使用

1）在使用前，应检查各部位是否完好，发现破损应停止使用。

2）连接背带与连接绳，系好胸带、腰带、腿带，并且收紧调整松紧度，锁紧卡环。

3）将安全带连接到安全绳上时，必须采用专用配套的自锁器或具有相同功能的单向自锁卡扣，自锁器不得反装。

4）安全带连接绳的长度，在自锁器与钢丝绳制成的柔性导轨连接时，其长度不应超过0.3m；在自锁器与织带或纤维绳制成的柔性导轨连接时，其长度不应超过1.0m。

（3）安全带使用注意事项

1）使用前必须做一次全面检查，发现破损停止使用。

2）安全带应高挂低用，并防止摆动、碰撞，避开尖锐物质，不得接触明火。

3）作业时，应将安全带的钩、环牢固地挂在悬挂点上。

4）在低温环境中使用安全带时，要注意防止安全带变硬、变脆或被割裂。

5）安全带上的各种部件不得任意拆除。

4. 安全绳与自锁器的正确使用

（1）安全绳的规格与要求

安全绳如图 1-5 所示，是用于连接安全带与挂点的大绳。

高处作业使用的垂直悬挂的安全绳，属于与坠落悬挂安全带配套使用的长绳。

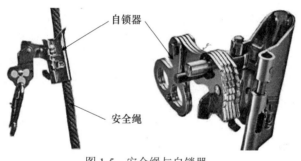

自锁器

安全绳

图 1-5　安全绳与自锁器

安全绳的规格与要求如下：

1）绳径应不小于 ϕ18mm；

2）断裂强度应不小于 22kN；

3）宜选用具有高强度、耐磨、耐霉烂和弹性好的锦纶绳；

4）整根安全绳不准存在中间接头。

（2）安全绳的正确使用

1）每次使用安全绳时，必须作一次外观检查，发现破损应立即停止使用。

2）在安全绳触及建（构）筑物的转角或棱角部位处，应进行衬垫或包裹，且防止衬垫或包裹物脱落。

3）在使用时，安全绳应保持处于铅锤状态。

4）不得在高温处使用。在接近焊接、切割或其他热源等场所时，应对安全绳进行隔热保护。

5）安全绳不允许打结或接长使用。

6）安全绳的绳头不应留有散丝，应进行燎烫处理，或加保护套。

7）在使用过程中，也应经常注意查看安全绳的外观状况，发现破损及时停用。

8）在半年至一年内应进行一次试验，以主部件不受损坏为前提。

9）发现有破损、老化变质情况时，应及时停止使用，以确保操作安全。

10）发生过坠落事故冲击的安全绳不应继续使用。

11）安全绳应储存在干燥通风的仓库内，并经常进行保洁，不得接触明火、强酸碱，勿与锋利物品碰撞，勿放在阳光下暴晒。

（3）自锁器及其性能要求

自锁器如图1-5所示，又称为导向式防坠器。自锁器的性能要求如下：

1）无论安全绳绷紧或松弛，自锁器均应能正常工作；

2）自锁器及安全绳应能保证在允许作业的冰雪环境下能够正常使用；

3）导轨为钢丝绳时，自锁器下滑距离不应超过0.2m，导轨为纤维绳或织带时，自锁器下滑距离不应超过1.0m。

（4）自锁器的使用规定

1）必须正确选用安全绳，且与安全绳的直径相匹配，严禁混用。

2）必须按照标识方向正确安装自锁器，切莫反装。

3）安装前需退出保险螺钉，按爪轴的开口方向将棘爪与滚轮组合件按反时针方向退出。

4）装入安全绳后，按开口方向顺时针装入。再合上保险，将保险螺钉拧上即可，不宜过紧。

5）装入安全绳后，检验自锁器的上、下灵活度。

6）如发现自锁器异常，必须停止使用，严禁私自装卸修理。

7）使用一年后，应抽取 1 ～ 2 只磨损较大的自锁器，用 80kg 重物做自由落体冲击试验，如无异常，此批可继续使用 3 个月；此后，每三个月应视使用情况做一次试验。

8）经过冲击试验或重物冲击的自锁器严禁继续使用。

三、施工现场常用安全标志

施工现场的作业环境复杂，不安全因素众多，属于高风险的作业场所。为了加强施工安全管理，在施工现场的危险部位及设备设施上设置醒目的安全警示标志，用以提醒施工作业人员强化安全意识，规范自身行为，严守安全纪律，防止伤亡事故的发生。

1. 安全标志的分类

现行国家标准《安全标志及使用导则》GB 2894—2008 规定：安全标志是用以表达特定安全信息的标志，由图形符号、安全色、几何形状（边框）或文字构成。

安全标志分为禁止标志、警告标志、指令标志、提示标志四类。此外，还有补充标志。

（1）禁止标志

禁止标志是禁止人们不安全行为的图形标志。

禁止标志表示一种强制性的命令，其含义是不准或制止人们的某些行动。如图 1-6 所示，禁止标志的几何图形是带斜杠的圆环。其中，圆环与斜杠相连，用红色；图形符号用黑色，背景用白色。

施工现场常用的禁止标志主要有：禁止烟火、禁止通行、禁止堆放、禁止吸烟、有人工作禁止合闸、禁止靠近、禁止抛物、禁止触摸、禁止攀登和禁止停留等。

图 1-6　禁止标志

（2）警告标志

警告标志是提醒人们对周围环境引起注意，以避免可能发生危险的图形标志。

警告标志表示必须小心行事或用来描述危险属性，其含义是警告人们可能发生的危险。如图 1-7 所示，警告标志的几何图形是黑色的正三角形、黑色符号和黄色背景。

图 1-7　警告标志

施工现场常用的警告标志主要有：注意安全、当心触电、当心爆炸、当心吊物、当心落物、当心坠落、当心碰头、当心电缆、当心塌方、当心坑洞和当心滑跌等。

（3）指令标志

指令标志是强制人们必须做出某种动作或采用防范措施的图形标志。

如图 1-8 所示，指令标志的几何图形是圆形，蓝色背景，白色图形符号。施工现场常用的指令标志主要有：必须戴好安全帽、必须穿好防护鞋、必须系好安全带、必须戴好防护眼镜和必须穿好防护服等。

图1-8　指令标志

（4）提示标志

提示标志是向人们提供某种信息（如标明安全设施或场所等）的图形标志。

提示标志的几何图形是方形，绿色或红色背景，白色图形符号及文字。如图1-9所示，施工现场常用的提示标志主要有：安全通道、紧急出口、安全楼梯、可动火区、地下消火栓、消防水带和灭火器等。

图1-9　提示标志

2. 安全色与对比色

（1）安全色

标准规定：用红、黄、蓝、绿四种颜色分别表示禁止、警告、指令、提示标志的安全色。

1）红色表示禁止、停止、危险的意思或提示消防设备设施的信息。

2）黄色表示注意、警告的意思。

3）蓝色表示指令、必须遵守的规定。

4）绿色表示通行、安全和提供信息的意思。

（2）对比色

对比色是使安全色更加醒目的反衬色，用以提高安全色的辨别度。

标准规定，对比色是黑、白两种颜色，且黑色与白色互为对比色。黑色用于安全标志的文字、图形符号和警告标志的几何边框。白色作为安全标志红、蓝、绿的背景色，也可用于安全标志的文字和图形符号。

安全色与对比色同时使用的，应按照表1-1的规定搭配使用：

安全色与对比色的搭配使用表　　　　表1-1

安全色	对比色
红色	白色
蓝色	白色
黄色	黑色
绿色	白色

3. 施工现场常用安全标志

施工现场常用安全标志示例见本教材后附页"安全标志（摘录）"。

四、施工现场消防基础知识

按照《中华人民共和国消防法》的规定，"消防工作贯彻预防为主，防消结合的方针。"在消防工作中要把预防放在首位，"防患于未然"。同时，要切实做好扑救火灾的各项准备工作，一旦发生火灾，能够及时发现、有效扑救，最大限度地减少人员伤亡和财产损失。

1. 燃烧的基本条件

任何物质发生燃烧，都要有一个由未燃状态转向燃烧状态的过程。这个过程的发生必备三个条件，即可燃物、助燃物和着火源，且三者要相互作用。

（1）可燃物

凡是能与空气中的氧或其他氧化剂起化学反应的物质，称为可燃物。如木材、纸张、汽油、油漆、酒精、煤炭等。

（2）助燃物

凡是能帮助和支持可燃物燃烧的物质，即能与可燃物发生氧化反应的物质，称为助燃物。如空气、氧气等。

（3）着火源

凡能引起可燃物与助燃物发生燃烧反应的能量来源，称为着火源，如电火花、火焰、火星等。烟头中心温度可达 700℃ 以上，因此是不容忽视的着火源。

2. 防火安全注意事项

（1）控制好火源。火源是火灾的发源地，也是引起燃烧和爆炸的直接原因，所以，防止火灾必须控制好各种火源：

1）控制各种明火。施工现场的电焊、气焊施工属于明火源，须加以严格控制；

2）控制受烘烤时间。例如，靠近大功率灯泡旁的易燃物烘烤时间过长，就会引起燃烧；

3）注意用电安全。禁止乱拉、乱扯电线，超负荷用电等。

（2）在施工现场不得占用、堵塞或封闭安全出口、疏散通道和消防车通道。

（3）不得埋压、圈占、损坏、挪用、遮挡消防设施和器材。

3. 灭火器具的选择和使用

（1）扑救固体物质火灾，可选用清水灭火器、泡沫灭火器、干粉灭火器（ABC 干粉灭火器）、卤代烷灭火器。

（2）扑救可燃液体火灾或带电燃烧的火灾，应选用干粉灭火器、二氧化碳灭火器。

（3）扑灭可燃气体火灾，应选用干粉灭火器、卤代烷灭火器、二氧化碳灭火器。

（4）扑灭金属火灾，应选用粉状石墨灭火器、专用干粉灭火器，也可用沙土或铸铁屑末代替。

4. 常用灭火器的使用方法

（1）二氧化碳灭火器的使用方法

将灭火器提到距着火点 5m 左右，拔出保险销，一手握住喇叭形喷筒根部的手柄，把喷筒对准火焰，另一只手压下启闭阀的压把，二氧化碳就会喷射出来。当可燃液体呈流淌状燃烧时，应将二氧化碳射流由近而远向火焰喷射；如扑救容器内可燃液体火灾时，应从容器上部的一侧向容器内喷射，但不能将二氧化碳射流直接冲击到可燃液面，以免将可燃液体冲出容器而扩大火灾。

（2）干粉灭火器的使用方法

在灭火时，将干粉灭火器提到距火源的适当位置，先提起干粉灭火器上下摆动，使干粉灭火器内的干粉变得松散，然后让喷嘴对准燃烧最猛烈处，拔掉保险销，一只手拿喷管对准火焰根部，另一只手用力压下压把，拿喷管左右摆动，干粉便会在气体的压力下由喷嘴喷出，形成浓云般的粉雾而使火熄灭。

（3）泡沫灭火器的使用方法

泡沫灭火器能喷射出大量的二氧化碳及泡沫，使其粘附在可燃物上，将可燃物与空气隔绝，达到灭火目的。泡沫灭火器主要适用于扑灭油类及木材、棉布等一般物质的初起火灾，但不能扑救带电设备和醇、酮、酯、醚等有机溶剂的火灾。

1）化学泡沫灭火器，应将筒体颠倒过来，一只手握紧提环，另一只手握住筒体的底圈，将射流对准燃烧物。在使用过程中，灭火器应当始终处于倒置状态，否则会中断喷射。

2）空气泡沫灭火器，应拔出保险销，一手握住开启压把，另一只手紧握喷枪，用力捏紧开启压把，打开密封或刺穿储气瓶密封片，空气泡沫即可从喷枪中喷出。在使用时，灭火器应当是直立状态，不可颠倒或横卧使用，也不能松开压把，否则会中断喷射。

5. 施工现场消防安全教育与培训

（1）消防安全教育和培训的基本内容

进场时，施工现场的安全管理人员应向施工人员进行消防安全教育和培训，其内容应包括：

1）施工现场消防安全管理制度、防火技术方案、灭火及应急疏散预案的主要内容；

2）施工现场临时消防设施的性能及使用、维护方法；

3）扑灭初起火灾及自救逃生的知识和技能；

4）报警、接警的程序和方法。

（2）消防安全技术交底

施工作业前，施工现场的施工管理人员应向作业人员进行消防安全技术交底，其主要内容应包括：

1）施工过程中可能发生火灾的部位或环节；

2）施工过程应采取的防火措施及应配备的临时消防设施；

3）初起火灾的扑救方法及注意事项；

4）逃生方法及路线。

6. 高空作业机械施工现场消防安全管理

高空作业机械施工现场的火灾易发因素，主要有电焊气割作业、油漆涂装作业、设备电控系统使用及施工人员临时宿舍等。

（1）电气焊割作业

1）电、气焊作为特殊工种，操作人员必须持证上岗，焊割前应该向单位安全管理部门申请用火证方可作业；

2）焊割作业前应清除或隔离周围及上下的可燃物，并严格落实监护措施；

3）焊割作业现场应配备足够的灭火器材；

4）作业完后，应认真检查现场，防止阴燃着火。

（2）油漆涂装作业

1）作业场所严禁一切烟火；

2）在作业平台上应配备相应的数量和特性的灭火器材；

3）在专项施工方案中应规定作业平台上允许的油漆和稀料的易燃物的最大携带量；

4）清除作业平台上的其他易燃物。

（3）设备电控系统使用

1）作业平台不得超负荷运行；

2）应对电控系统设置充分的过热和短路保险装置；

3）应对电器设备进行经常性的检查，查看是否存在短路、发热和绝缘损坏等情况并及时处理；

4）电器设备在使用完毕后应及时切断电源，锁好电箱。

（4）施工人员临时宿舍

1）临时宿舍不准存放易燃易爆物品；

2）不准使用电炉等大功率用电器和私拉乱接电源；

3）不准使用可燃物体做灯罩；

4）夏季使用蚊香务必放在金属盘内，并与可燃物保持一定的距离；

5）冬季在取暖设备周边烘烤衣物必须保持足够的安全距离。

7. 高空作业机械施工现场火灾救援应急预案

（1）在高空作业机械专项施工方案中，应专门设计现场火灾救援应急预案，其内容应包括建立施工现场应急救援小组。

（2）发现火情，现场施工人员要保持清醒，切莫惊慌失措。如果火势不大，尚未对人员造成很大威胁，而且周围有足够的消防器材时，应奋力将小火控制，及时扑灭。

（3）如果发现火势较大或越烧越旺，有被困火灾现场危险时，应立即切断设备电源，拨打消防火警电话（119 或 110）报警，并且迅速报告现场应急救援小组。然后利用周围一切可利用的条件设法脱险逃生。

（4）现场应急救援小组应组织有关人员赶赴现场进行救援。应本着"先救人，后救物"原则，迅速组织火灾现场施工人员逃生。同时，安排专人疏通或开辟消防通道，接应消防车及时有效救火。

（5）应急救援小组接到报警或发现火情后，应尽快安排人员切断周边有关电源，关闭有关阀门，迅速控制可能加剧火灾蔓延的部位，以减少可能蔓延的因素，为迅速扑灭火灾创造条件。

五、施工现场急救常识

在施工过程中，难免发生各类工伤事故。为了能够迅速采取科学有效的急救措施，保障人的生命健康和财产安全，防止事故扩大，掌握一些施工现场急救常识是十分必要的。

1. 施工现场急救的定义

施工现场急救，即事故现场的紧急临时救治，是发生施工生产安全事故时，在医生未到达现场或送往医院前，利用施工现场的人力、物力对急、重、危伤员，及时采取有效的急救措施，以抢救生命，减少伤员痛苦，防控伤情加重和并发症，为进一步救治做好前期准备。进行施工现场急救时，应遵循"先救命后治伤，先救重后救轻"的原则，果断施行救护措施。

2. 施工现场急救的基本步骤

施工现场急救，通常按照以下几个步骤进行：

（1）确保现场环境安全并及时呼救

发生伤害事故后，施工现场人员要保持冷静，为了保障自身、伤员及其他人的安全，应首先评估现场的危险性；如有必要，应迅速转移伤员至安全区域。当确保现场环境安全后，应迅速拨打120急救电话，并通知相关管理人员。

（2）迅速检查伤员的生命体征

检查伤员意识是否清醒、气道是否畅通、是否有脉搏和呼吸、是否有大出血等可能致命的因素，有条件者可测量血压。然后，查看局部有无创伤、出血、骨折、畸形等情况。

（3）采取急救措施

对伤员采取急救措施时，优先处理以下几种情况：

1）为没有呼吸或心跳的伤病员进行心肺复苏；

2）为出血量大的伤者进行止血包扎；

3）处理休克和骨折的伤病员。

在救护者施救的同时，其他人应协助疏散现场旁观人员，保护事故现场，引导救护车，传递急救用品等。

（4）迅速送往医院

救护车到达现场后，应协助医护人员迅速将伤病员送往医院，进行后续救治。

六、施工现场安全用电基础知识

根据《施工现场临时用电安全规范》JGJ 46—2005 的规定，结合高空作业机械设备在施工现场临时用电的实际情况，在安装之前必须做好用电安全技术准备工作。

1. 施工现场临时用电的原则

（1）必须采用三级配电系统

高空作业机械设备在施工现场临时用电的配电系统如图 1-10 所示。

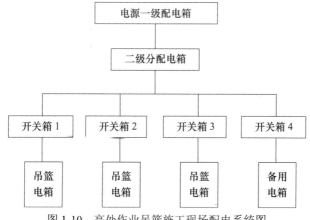

图 1-10　高处作业吊篮施工现场配电系统图

从施工现场的电源进线至用电设备，必须经总配电箱（电源总配电设备属于一级配电装置）→分配电箱（在用电负荷相对集中处设置的二级分配电装置）→开关箱（专用设备控制箱属于三级配电装置）三个层次逐步配送电力，任何用电设备不得越级配电。

（2）必须采用二级漏电保护装置

在总配电箱中须设置一级漏电开关；在分配电箱或开关箱中必须再设置一级漏电开关。

（3）实施"一机一闸"制

在分配电箱中，一把闸刀管一只开关箱；每只开关箱只连接一台高空作业机械设备的控制回路。

（4）必须设置电气线路的基本保护系统

在三相四线配电线路中，应设置保护零线（PE 线）即采用三相五线制的 TN-S 接线保护型式。保护零线应进行不少于三处的重复接地。

如图 1-11 所示，在三相四线制供电局部 TN-S 系统中，基本接地和接零保护系统与二级漏电保护装置，共同组成了现场临时用电系统的二道防止触电的防线。

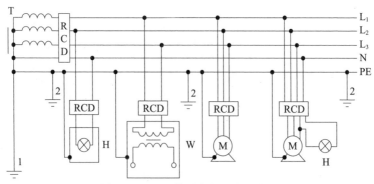

图 1-11　TN-S 接线保护方式示意图

L₁、L₂、L₃—相线；N—工作零线；PE 一保护零线；1—工作接地；

2—重复接地；T—变压器；RCD—漏电保护器；H—照明器；

W—电焊机；M—电动机

（5）动力与照明分设原则

动力配电箱和照明配电箱宜单独设置；共用配电箱的动力和照明电路也须分路配电。动力开关箱和照明开关箱应分箱设置，不得共箱分路设置。

高空作业机械设备的电控箱只能专用，不得用于连接其他用电设施。

（6）尽量压缩配电间距

除总配电箱（配电室外）外，分配电箱、开关箱及用电设备间距离应尽量缩短。分配电箱应设在用电设备相对集中处，且与开关箱的距离不得超过30m。

2. 施工现场临时用电的配电装置

施工现场临时用电的配电装置包括配电箱和开关箱的箱体及各类电气元件。箱体制作和使用应符合下列要求：

（1）箱体应满足防尘、防晒、防雨（水）要求，不得采用木板制作。可用厚度不少于1mm的冷轧铁板或其他优质的绝缘板制作。

（2）电气安装板用于安装电气元件及零线（N）保护零线（PE）和端子板，宜采用优质绝缘板制作。当安装板和箱体采用折页式活动联接时，配线必须用编制铜芯软线跨接。

（3）N端子板和PE端子板必须分别设置，避免N线和PE线混接。

（4）N端子板与铁质的箱体之间必须保持绝缘；而PE端子板与铁质箱体必须保持良好电气连接，应采用紫铜板制作，其端子数应与进出线总路数量保持一致。

（5）固定式配电箱、分配电箱及开关箱，其箱底距离地面高度应为1.3～1.5m；移动式配电箱、分配电箱及开关箱，其底部距离地面高度应为0.6～1.5m。

（6）配电箱、分配电箱及开关箱的箱门处应有规范的标牌，内容应包括名称、用途、分路标记、箱内线路接线图等。

（7）配电箱、分配电箱及开关箱均应装设门锁，由专人负责开启和上锁。下班停工或中班停止作业一小时以上，相关电箱应归零、断电、锁箱。

（8）配电箱、分配电箱及开关箱配置的电气元件，应具备以下四种基本功能：

1）电源隔离功能；

2）电路接通与分断功能；

3）短路、过载、漏电等保护功能；

4）通电状态指示功能。

3. 各级电箱的基本元件配置要求

（1）总配电箱应按三相五线型式布置，即必须设置 PE 端子板。

（2）总电路及分电路的电源隔离开关，均采用三路刀型开关，并设置于进线端子。

（3）总电路及分电路隔离开关负荷侧设置三路断路开关（或熔断器、刀熔开关等短路保护装置），三相四线漏电开关。

（4）分配电箱应按次序装设隔离开关、短路保护（熔断器、短路开关）过载保护器（热继电器等）。

（5）动力开关箱的电气元件配置，基本上与分配电箱相同，仅电流等级选择不同，漏电开关可选择三相三线型产品。

（6）照明开关箱应单独设置，照明线路采用二路刀开关、二路断路开关或熔断器和单相二线漏电开关。

（7）各类电箱的电气配置和接线严禁任意改动或加接其他用电设备。

4. 各级电箱的接线及使用要求

（1）各级电箱的接线必须由经过按国家现行标准考核合格后的电工持证上岗操作；其他用电人员必须通过相关安全教育培训和技术交底，考核合格后方可上岗工作。

（2）安装、巡检、维修或拆除临时用电设备和线路，必须由电工完成，并应有人监护。

（3）电工在操作时，必须按规定穿戴绝缘防护用品，使用绝缘工具。

（4）配电装置的漏电开关应在班前，按下实验按钮检查一次，试调正常方可继续使用。

（5）暂时停用设备的开关箱必须分断电源隔离开关，并应关门上锁。

（6）移动电气设备时，必须经电工切断电源并做妥善处理后进行。

（7）严禁带电或采用预约停、送电时间方式检修电箱及用电设施。

（8）检修前必须断电，并在隔离开关上挂上"禁止合闸，有人工作"警告牌，由专人负责挂取、送电和停电应严格按下列顺序操作：

1）送电顺序：总配电箱→分配电箱→开关箱;

2）停电顺序：开关箱→分配箱→总配电箱。

第二章 高处作业吊篮概述

第一节 高处作业吊篮简介

一、高处作业吊篮的发展概况

1. 高处作业吊篮的定义

高处作业吊篮是用于幕墙安装、外墙装饰、外墙保温以及外墙清洗等建筑高处作业机械设备。按照《高处作业吊篮》GB/T 19155—2017定义：吊篮是悬挂装置架设于建筑物或构筑物上，起升机构通过钢丝绳驱动平台沿立面上下运行的一种非常设接近设备。

2. 国外高处作业吊篮的发展

高处作业吊篮的起源可追溯到20世纪30年代。1934年，法国法适达公司发明了全世界第一台手动提升机，配以简易悬吊平台，研制成功手动升降吊篮，开创了高处作业吊篮发展史。两年后，法适达公司把轻质马达（电动机）装配在提升机上，发明了全球首台电动提升吊篮，创造了真正意义的高处作业吊篮。随后，欧洲的卢森堡、比利时、西班牙、芬兰、英国和德国等国家，也相继研制成功各具特色的高处作业吊篮产品。亚洲高处作业吊篮的发展相对滞后，日本三精株式会社于1956年创立，开始研制及制造高处作业吊篮和擦窗机产品；韩国国际滚多拉公司于1992年建厂专门研发、生产销售高处作业吊篮等升降式建筑机械设备。

3. 国产高处作业吊篮的发展

我国于1982年研制成功第一台高处作业吊篮，至今已经走过 40 年的发展历程。尽管我国高处作业吊篮相对于欧美发达国家起步比较晚，但发展却非常迅速。目前，国产高处作业吊篮产品的技术性能和工艺水平，均已达到国际先进水平，大量应用在国内外众多大型工程，如三峡工程、南水北调工程、广州电视塔外筒钢结构工程、港珠澳大桥工程及迪拜塔等著名工程项目。现在的中国已经成为全球高处作业吊篮制造、销售和使用第一大国。

二、高处作业吊篮的主要用途

高处作业吊篮以其显著的经济、便捷、安全、高效、环保等综合性技术优势，广泛应用于高层建筑外墙安装、涂装、修缮、维护、清洗等工程的载人高处施工作业领域。

如图 2-1 所示，高处作业吊篮广泛应用于建筑施工幕墙安装工程。

图 2-1　吊篮广泛应用于幕墙安装工程

如图 2-2 所示，高处作业吊篮广泛应用于外墙保温施工工程。

图 2-2　吊篮广泛应用于外墙保温施工工程

如图 2-3 所示，高处作业吊篮广泛应用于外墙装饰施工工程。

图 2-3　吊篮广泛应用于外墙装饰施工工程

如图 2-4 所示，高处作业吊篮广泛应用于外墙涂装工程。

图 2-4　吊篮广泛应用于外墙涂装工程

随着施工技术的不断进步与完善，高处作业吊篮的应用范围逐步向更加广泛的领域深入拓展。如图 2-5 所示，高处作业吊篮正在国民经济建设其他领域发挥着巨大作用。

电梯施工

烟囱施工

桥梁施工

冷却塔施工

特殊结构施工

风电叶片维修

船舶施工

图 2-5 吊篮在其他领域广泛应用

例如：

（1）大量应用于电梯轨道及轿厢的安装施工，既高效，又安全。

（2）广泛应用于电厂烟囱内壁除尘与维修作业，快速迅捷，特别适合抢工期项目的施工作业。

（3）适用于桥梁工程建造、安装与维护等各阶段的工程施工，国内外许多著名大桥都采用了高处作业吊篮进行配套施工。

（4）应用于电厂冷却塔内壁施工，高效、省钱、环保，综合经济效益异常显著。

（5）应用于特殊结构的施工，解决了脚手架难以搭设的施工项目。例如，广州电视塔外筒钢结构涂装项目的成功应用，受到国际同行们的瞩目和点赞。

（6）应用于大型风力发电机组叶片的检查与维修作业，成功地解决了确保风电项目长期稳定运行的高空维护作业的难题。

（7）应用于船舶制造与维修，以其机动性强、功效高、占据空间小等优势，已被大量采用。

（8）大量应用于大型罐体、巨型粮库、水利工程大坝等构筑物的建造与维护工程。

第二节　高处作业吊篮型号与参数

一、高处作业吊篮的型号规定

按型式不同高处作业吊篮分为手动型、气动性和电动型三种型式，其中应用最为广泛的属电动型高处作业吊篮。

按特性不同高处作业吊篮分为爬升式、卷扬式和夹钳式三种特性，高处作业吊篮通常采用爬升式提升机进行驱动。

现行国家标准《高处作业吊篮》GB/T 19155—2017 规定：高处作业吊篮型号由类、组、型代号、特性代号、主参数代号、悬吊平台结构层数和更新变型代号组成。

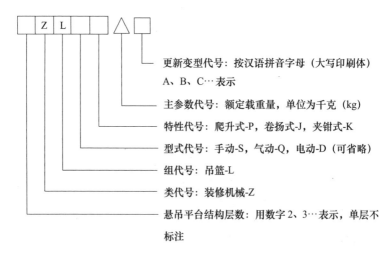

标记示例

（1）额定载重量 630kg 电动、单层爬升式高处作业吊篮，标记为：

高处作业吊篮 ZLP 630 GB/T 19155

（2）额定载重量 800kg 电动、双层爬升式高处作业吊篮第一次变型，标记为：

高处作业吊篮 2ZLP 800A GB/T 19155

二、高处作业吊篮的主要性能参数

1. 主参数

《高处作业吊篮》GB/T 19155—2017 规定，高处作业吊篮的主参数用额定载重量表示，主参数系列见表 2-1。

主参数系列表　　　　　　　　　　　　表 2-1

主参数	主参数系列
额定载重量（kg）	120、150、200、250、300、400、500、630、800、1000、1250、2000、3000

2. 其他参数

（1）额定载重量：由制造商设计的平台能够承受的由操作者、工具和物料组成的最大工作载重量，单位：千克（kg）。

（2）额定速度：载有额定载重量的平台，施加额定动力，在行程大于 5m 的条件下所测量到的上升和下降的平均速度，单位：米／分钟（m/min）。

（3）总悬挂荷载：施加在悬挂装置悬挂点的静荷载，由平台的额定载重量和平台、附属设备、钢丝绳和电缆的自重等组成，单位：牛顿（N）。

（4）极限工作荷载：由制造商设计的其设备一部分允许承受的最大荷载，单位：牛顿（N）。

（5）锁绳速度：防坠落装置开始锁住钢丝绳时，防坠落装置与钢丝绳之间的相对瞬时速度，单位：米／分钟（m/min）。

（6）锁绳角度：防坠落装置自动锁住安全钢丝绳使平台停止倾斜时的平台底面与水平面的纵向角度，单位：度（°）。

（7）钢丝绳安全系数：钢丝绳的最小破断拉力与最大工作静拉力的比值。

（8）悬挂装置稳定系数：与倾覆力矩相乘的系数。

（9）作业高度：平台作业的最高点与自然地平面的垂直距离，单位：米（m）。

三、常用高处作业吊篮的型号与主要性能参数

1. 常用型号

在建设工程施工中使用最多、最常见的是电动爬升式高处作业吊篮。施工现场最常用的是 ZLP630 型和 ZLP800 型高处作业吊篮。这两款高处作业吊篮的额定载重量适中、技术工艺成熟、性能稳定可靠、维修保养便捷、大批大量生产、综合性价比高。

2. 主要性能参数

建筑施工现场最常用高处作业吊篮的主要性能参数见表 2-2。

常用高处作业吊篮主要性能参数表　　　表 2-2

参数	ZLP630	ZLP800
额定载重量（kg）	630	800
额定升降速度（m/min）	9～11	8～10
提升机极限工作荷载（kN）	6.3	8.0
标准悬吊平台最大长度（m）	6.0	7.5
电动机功率（kW）	1.5×2	2.2×2
安全锁允许冲击力（kN）	30	30
安全锁锁绳角度（°）	3～8	3～8
安全锁锁绳速度（m/min）	≤30	≤30
整机自重（kg）（不含配重、钢丝绳、电缆线）	约 800	约 950

第三章 高处作业吊篮基本构造与工作原理

高处作业吊篮主要由提升机、悬挂装置、悬吊平台、电气系统（手动吊篮无电气系统）、安全保护装置和钢丝绳等部件组成（图 3-1）。

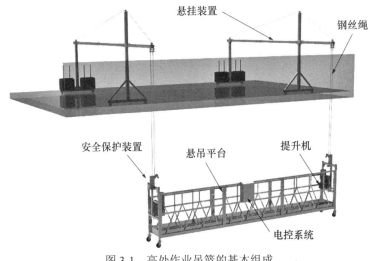

图 3-1 高处作业吊篮的基本组成

第一节 提升机的构造与原理

提升机是高处作业吊篮的动力装置。其作用是为悬吊平台上升与下降运行提供动力，并且使悬吊平台能够停止在作业范围内的任意高度位置上。

一、提升机的分类

1. 分类方式

按提升原理不同，提升机主要分为爬升式和卷扬式两种类型（夹钳式提升机很少应用，故本教材不做具体介绍）。国内高处作业吊篮大量使用的是爬升式提升机，卷扬式提升机基本没有应用。卷扬式提升机主要应用在擦窗机上。

提升机按动力不同分为电动、气动和手动三种类型。国内大量使用的是电动提升机和少部分手动提升机，气动提升机几乎没有应用。

2. 电动爬升式提升机

（1）电动爬升式提升机基本组成

如图 3-2 所示，电动爬升式提升机主要由电磁制动电动机、减速器和压绳组件组成。

电动爬升式提升机由电动机提供动力，经减速器降低转速并且增加转矩后，带动绳轮旋转。在压绳组件的作用下，使绳轮与缠绕其上的钢丝绳之间产生摩擦力。在摩擦力作用下，旋转的绳轮便沿着钢丝绳向上爬升，并且通过提升机箱体带动悬吊平台向上下运行。

（2）爬升式提升机的工作原理

爬升式提升机的绳轮与缠绕其上的钢丝绳之间产生摩擦力的相互作用关系，如图 3-3 所示。

在旋转动力（手动、气动或电动等）作用下，绳轮按图示顺时针方向转动。在摩擦力作用下，绳轮便沿钢丝绳向上爬升。绳轮在向上爬升过程中，不断地缠绕着上方的钢丝绳，同时不断地向下方释放钢丝绳。在绳轮上始终只缠绕一定包角的钢丝绳，而不会将钢丝绳卷绕在绳轮上，这便是爬升式提升机的工作原理。由此可见，爬升式提升机可无限高度地一直爬升。

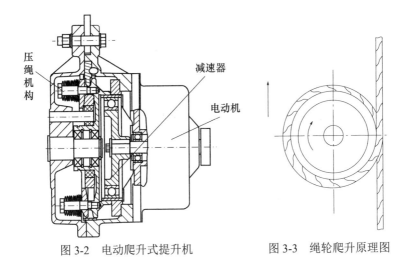

图 3-2　电动爬升式提升机　　　　图 3-3　绳轮爬升原理图

二、爬升式提升机的绕绳与压绳方式

1. 爬升式提升机的绕绳方式与特点

（1）常用绕绳方式

爬升式提升机按钢丝绳在机内的缠绕方式不同分为"α"形绕法和"S"形绕法两种形式。如图 3-4（a）所示为"α"形绕法，图 3-4（b）和图 3-4（c）为"S"形绕法。

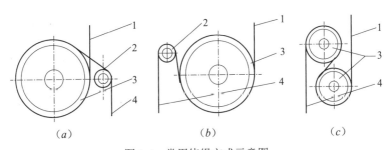

（a）　　　　　　　（b）　　　　　　　（c）

图 3-4　常用绕绳方式示意图

1—入绳；2—导绳轮；3—绳轮；4—出绳

（a）"α"形绕法；（b）"S"形绕法一；（c）"S"形绕法二

（2）"α"形绕绳方式的特点

钢丝绳在提升机内以"α"形缠绕在绳轮上。钢丝绳从提升机内穿过时只向一个方向弯曲，承受脉动疲劳荷载，与交变荷载相比较，不易疲劳破坏，可延长钢丝绳使用寿命。

（3）"S"形绕绳方式的特点

"S"形提升机有两个绳轮。钢丝绳在提升机内以"S"形缠绕在两个绳轮上。钢丝绳在提升机内向两个方向交替弯曲，承受交变疲劳荷载，容易疲劳破坏。但由于经过两个绳轮缠绕，钢丝绳的包角较大，可提供较大摩擦力。

2. 爬升式提升机典型的压绳方式与特点

（1）"α"形径向压绳式提升机

如图 3-5 所示，钢丝绳从上方入绳口进入提升机后，穿入绳轮 V 形槽内，缠绕绳轮将近一圈后，由提升机右侧出绳口排出。钢丝绳在机内运动轨迹呈"α"形。

压绳轮在摆杆的杠杆力作用下，由径向将钢丝绳压向绳轮 V 形槽。摆杆的杠杆力来自弹簧力和由提升力产生的钢丝绳侧向力（该力使摆杆逆时针方向转动，使压轮产生径向压紧力）。

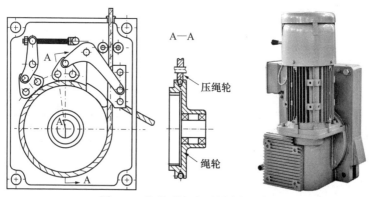

图 3-5 "α"形径向压绳式提升机

（2）"α"形轴向压绳式提升机

如图 3-6 所示，钢丝绳从入绳口进入提升机内的绳轮 2 与压盘1之间，被轴向夹紧，并且绕绳轮将近一圈后，由出绳口排出，其运动轨迹亦呈"α"形。绳轮与压盘之间的轴向夹紧力，由十余组圆周均布的碟形弹簧3提供。在绳轮与压盘之间设有胀环4。胀环在偏心轮5的作用下偏向提升机进绳口和出绳口一侧，将此处压盘撑开，加大了此处绳槽的张开程度。其作用是使钢丝绳在进、出绳口处不被夹紧，便于进绳和出绳，与此处相对称的区域为则为夹绳区。

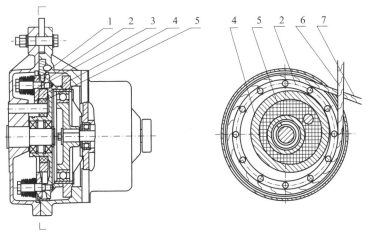

图 3-6 "α"形轴向压绳式提升机

1—压盘；2—绳轮；3—碟形弹簧；4—胀环；5—偏心轮；6、7—钢丝绳

此夹绳方式的特点是，钢丝绳进入提升机后被逐渐夹紧，产生提升力；然后逐渐被放松，由出绳口排出。由于钢丝绳在机内的夹紧和放松是逐渐过渡的，夹持力比较柔和，而且钢丝绳在绳槽内无滑移现象，所以钢丝绳表面磨损小，使用寿命长。

（3）"S"形轴向压绳式提升机

如图 3-7 所示，钢丝绳进入提升机后，先缠绕在下部的绳轮上，边绕边被压紧，然后向上绕过上部绳轮，边绕边放松，最后经出绳口排出。钢丝绳在机内运动轨迹呈"S"形。在二绳轮上均设有压盘，其夹绳方式与轴向夹紧式"α"形提升机的夹绳方式相类似。

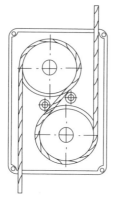

图 3-7 "S"形轴向压绳式提升机

三、常用的爬升式提升机的构造与工作原理

目前在建筑工程施工现场最常用的爬升式提升机有两种型号，即 ZLP630 型和 ZLP800 型。ZLP630 型提升机是典型的 "α" 形径向压绳式提升机；ZLP800 型提升机是典型的 "S" 形轴向压绳式提升机。

1. ZLP630 型提升机的构造与工作原理

（1）基本组成

ZLP630 型提升机主要由三相异步电磁制动电动机、主箱体、后盖、绳轮（也称带槽内齿轮或称大齿圈）、蜗杆、蜗轮、限速器、小齿轴、导绳系统（也称导绳块）、进绳管和出绳管等零部件组成。

（2）工作原理

ZLP630 型提升机的动力由三相异步电磁制动电动机提供。电动机的驱动力矩由电动机输出轴→限速器轮毂→单键传动→蜗杆→蜗轮（完成一级蜗杆减速）→单键传动→小齿轴→带槽内齿轮（也称大齿圈，完成二级内齿传动）→绳轮旋转→靠摩擦力卷绕钢丝绳。钢丝绳从提升机箱体上方的入绳口穿入后，经导绳块导入到与大齿圈合为一体的绳轮，呈"α"形状缠绕，经压轮组件下方的压绳轮挤压，产生摩擦力，带动提升机向上爬升。导绳块则将沿绳轮缠绕将近一周的钢丝绳导出提升机出绳口。

2. ZLP800 型提升机的构造与工作原理

（1）基本组成

ZLP800 型提升机主要由三相异步电磁制动电动机、上箱体、下箱体、中间箱体、减速箱体、限速器、蜗杆、蜗轮、小齿轴、驱动轮、从动轮、压盘、压盘弹簧、支承组件、进绳管和出绳管等零部件组成。

（2）工作原理

ZLP800 型动力由三相异步电磁制动电动机提供。电动机的驱动力矩由电动机输出轴→限速器轮毂→单键传动→蜗杆→蜗轮（完成一级蜗杆减速）→单键传动→小齿轴（也称齿轮轴）→大齿轮（也称驱动轮，完成二级外齿传动）→从动轮（与驱动轮齿数相同，旋转方向相反）→在二个压盘分别与驱动轮和从动轮的共同作用下，呈"S"形绕法的钢丝绳，在圆周分布的压盘弹簧作用下，与钢丝绳之间产生摩擦力，带动提升机向上爬升。二组支承组件则对钢丝绳进行引导，使钢丝绳从进绳口进入下方的驱动轮与压盘之间，旋转近一周后，由支承组件导向从动轮，然后在从动轮上绕行近一周后，沿出绳口导出提升机。

四、电动爬升式提升机的动力部分

电动爬升式提升机绝大多数采用制动电机作为动力，国产高处作业吊篮配备的制动电机分两大类。一类是普通 Y 系列立式制动电机；另一类是盘式制动电机。

1. 普通 Y 系列立式三相异步制动电机

（1）基本结构

如图 3-8 所示，Y 系列三相异步制动电机主要由定子 1、转子 2、摩擦盘 3、衔铁 4、松闸手柄 5、弹簧 6 和励磁线圈 7组成。

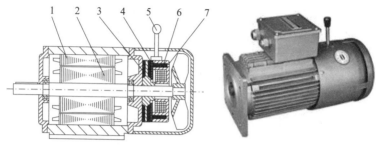

图 3-8　Y 系列三相异步制动电动机

1—定子；2—转子；3—摩擦盘；4—衔铁；

5—松闸手柄；6—弹簧；7—励磁线圈

（2）工作原理

接通三相电源后，在定子上产生旋转磁场，在转子上产生电磁转矩，使转子带轴旋转。与此同时，经过降压整流后的直流电源接通励磁线圈，使之产生轴向电磁吸引力，吸引衔铁克服弹簧力，松开摩擦盘解除制动。断电时，电磁转矩与电磁吸引力同时消失。在弹簧力作用下，衔铁将摩擦盘压紧在制动盘上。在摩擦力矩作用下，摩擦盘带动电机轴停止转动。该制动器属于常闭式制动器，通电时释放制动器。

扳动松闸手柄可以手动释放制动器，用于悬吊平台手动滑降时操作。

（3）电磁制动器的调整

电磁制动器的调整步骤如下。

衔铁与摩擦盘之间的间隙 D 应在 0.6 ～ 0.8mm 范围内，其结构见图 3-9。

调整方法：先松开电磁吸盘 2 上的内六角安装螺钉 1，转动中空螺钉 4，调整好间隙。四周间隙应尽量调整均匀，最后重新拧紧安装螺钉 1。

通电检查电磁制动器的衔铁动作，衔铁吸合后必须与摩擦盘完全脱开。断电时后应无卡滞现象，衔铁在制动弹簧作用下能完全压住摩擦盘。

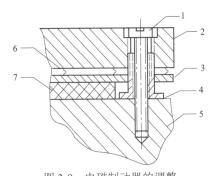

图 3-9 电磁制动器的调整

1—安装螺钉；2—电磁吸盘；3—衔铁；4—中空螺钉；5—电机端盖；

6—弹簧；7—摩擦盘

2. 三相盘式制动电动机

三相盘式制动电动机为全封闭、自冷式；定子、转子均为圆盘状。其转子上装有圆盘状的制动环，故轴向尺寸很短，只是普通三相异步电动机长度尺寸的三分之一左右。

如图 3-10 所示，三相盘式制动电机主要由定子 1、转子 2、摩擦片 3、制动弹簧 4、轴 5 和松闸手柄 6 组成。

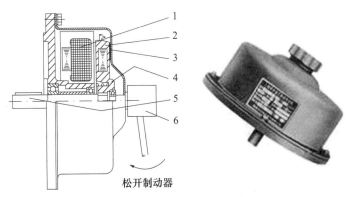

松开制动器

图 3-10 三相盘式制动电机

1—定子；2—转子；3—制动环；4—制动弹簧；5—轴；6—松闸手柄

工作原理：接通三相电源后，在定子中产生轴向旋转磁场，并在转子导磁条中感应出电流产生旋转磁场；转子与定子之间相互作用而产生电磁转矩。与此同时，定子对转子产生轴向电磁吸引力，克服制动弹簧力，使转子上的制动环与静止的机壳摩擦面分离，解除制动，使转子带动电机轴自由转动。断电时，电磁转矩与轴向吸引力同时消失。在制动弹簧的作用下，制动环与机壳摩擦产生制动力矩，使电机立即停止转动。该制动器也属于常闭式制动器。

该制动器也设有松闸手柄，用于悬吊平台手动滑降。

第二节　悬挂装置的构造与类型

悬挂装置的作用是，通过悬挂在其端部的钢丝绳承受悬吊平台升空作业时的全部重量、工作荷载和风荷载等总悬吊荷载。

一、悬挂装置的类型

由于建（构）筑物的顶部或用于架设悬挂装置层面的结构、空间和形状各异，所以高处作业吊篮的悬挂装置类型较多。

尽管类型各异，但悬挂装置具有以下共同特点：

1. 便于频繁拆装组合；

2. 单件重量较轻（应不超过50kg）；

3. 具有可伸缩或可调节性。

按力矩平衡方式不同，标准配置的高处作业吊篮的悬挂装置，大致分为配重式和卡钳式两种基本形式。

二、配重式悬挂装置

配重悬挂装置的倾翻力矩全部靠本身结构的自重及配重进行平衡。其优点是：适用范围宽；对安装现场无特殊要求。目前在高处作业吊篮上应用得最为广泛。

如图3-11所示，即为最典型的配重式悬挂装置。

此类悬挂装置主要由横梁1、前支座2、后支座3、配重4和加强钢丝绳张紧机构 5 组成。

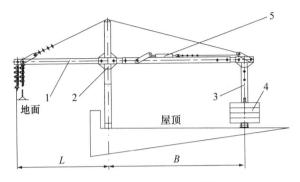

图 3-11　配重式悬挂装置

1—横梁；2—前支座；3—后支座；4—配重；5—加强钢丝绳张紧机构

　　横梁 1 由前梁、中梁和后梁组合而成。三段梁均采用薄壁矩形管材套接成整体。前、后梁均可伸缩，以便组成不同的外伸长度 L 和不同的支承距离 B，来适应建（构）筑结构的不同需求。

　　前支座 2、后支座 3 各分为上下两段。通常也采用薄壁矩形管材套接成整体，可以通过伸缩来变支座高度，以适应各种高度的女儿墙。

　　支座上端与横梁采用销轴或螺栓连接。

　　有的在支座下端横撑上设置脚轮，便于悬挂装置整体平移；设置可调支腿，使支座落地平稳可靠。

　　后支座 3 的底部横管上焊有数根立管，用于安装固定配重。

　　配重 4 安装在后支座横管上。其作用是平衡作用在悬挂装置上的倾翻力矩。其材料一般采用铸铁、特制高强度混凝土或外包铁皮混凝土。每块配重的重量通常为 20kg 或 25kg，便于单人搬运和装卸。

　　加强钢丝绳张紧机构 5 由加强钢丝绳、上立柱和索具螺旋扣（俗称花篮螺栓）组成。其作用是增强横梁承载能力，改善横梁受力状况，减小横梁截面尺寸和自重。

三、卡钳式悬挂装置

卡钳式悬挂装置的特点是：悬挂装置附着在建（构）筑物的女儿墙、檐口或某些承重结构上。悬挂装置悬吊所产生的倾翻力矩，全部或部分靠附着的建（构）筑结构所平衡。

其优点是：结构简单，零件数量少，不需大量配重块，机动性好。

其缺点是：适用范围较窄，使用的限制条件较多。例如：必须对被附着的结构强度充分了解；被附着的结构形状比较规则。

如图 3-12 所示，即为最常见的卡钳式悬挂装置，也称"骑墙马"或称"女儿墙卡钳"。

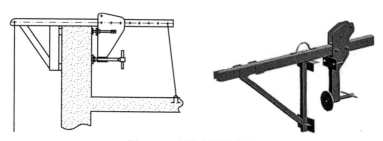

图 3-12　卡钳式悬挂装置

第三节　悬吊平台的构造与类型

悬吊平台的作用是搭载作业人员、工具和材料进行高处作业。

一、悬吊平台的类型

1. 按形状分，悬吊平台有矩形、圆形、环形、U 形、L 形等不同类型。

2. 按吊点数量分，悬吊平台有单吊点、双吊点和多吊点等不同类型。

3. 按平台层数分，悬吊平台有单层平台和双层平台。

二、矩形悬吊平台

矩形悬吊平台是最常见的悬吊平台型式。其底板呈长方形，四周设置护栏。一般配置两组吊架（或称安装架）与两套提升机和安全锁，采用高强螺栓进行连接。

安装架一般设置在悬吊平台两端，如图3-13（a）所示；也有少数高处作业吊篮的安装架设置在悬吊平台中间，如图3-13（b）所示。

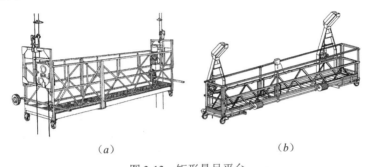

（a） （b）

图3-13 矩形悬吊平台

（a）安装架设在两端的平台；（b）安装架设在中间的平台

两种安装架的设置方式各有所长：前者，安装架结构简单，重量轻；后者，使悬吊平台受力合理，尤其适用于长度尺寸大的悬吊平台。

为便于运输和储存，正规企业批量生产制造的标准配置悬吊平台，由数个标准的基本节组成。每个基本节由护栏和底板组成。最常见的基本节长度为1.0m、1.5m和2m，可自由组合成2m、3m、4m、4.5m、5m、6m和7.5m平台。在平台组合完成之后，其长度方向两端设有安装架，用于安装提升机和安全锁。有些悬吊平台的安装架下方还设有脚轮，方便在施工现场移位。

三、异形悬吊平台

因作业对象形状各异，需要不同形状的异形悬吊平台相适应。

如图 3-14 所示,从左至右排列的分别是圆形悬吊平台、环形悬吊平台、U 形悬吊平台和转角悬吊平台。

图 3-14　异形悬吊平台

四、特殊悬吊平台

为适应狭小空间或特殊作业需求,出现了单吊点平台和悬挂座椅;为了提高施工效率,出现了双层平台等多种型式的特殊悬吊平台。

1. 单吊点悬吊平台

单吊点悬吊平台如图 3-15 所示,只设有一组安装架与一台提升机、一把安全锁与短平台配套使用。

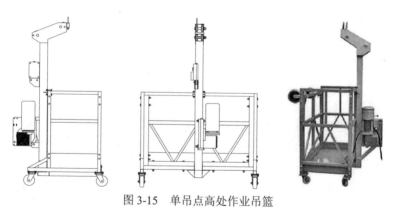

图 3-15　单吊点高处作业吊篮

单吊点悬吊平台体积小,可在双吊点普通悬吊平台无法施工的狭窄空间进行作业。但应注意,单吊点悬吊平台不能采用摆臂防倾式安全锁,应采用离心触发式安全锁。

2. 悬挂座椅

悬挂座椅如图 3-16 所示，由一组安装架与一台提升机、一把安全锁及座椅组成。

由单人乘坐在座椅上进行作业，机动性强，可用于其他悬吊平台无法施工的场所。与座板式单人吊具（俗称登高板）相比较，更加机动、舒适、高效和安全。

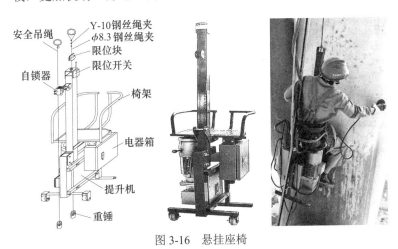

图 3-16　悬挂座椅

3. 双层悬吊平台

如图 3-17 所示的双层悬吊平台，由两个单层平台组合而成，可上下两层同时作业，提高作业效率；尤其适合外墙多工序流水作业的场合。

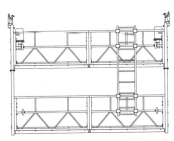

图 3-17　双层悬吊平台

第四节　电气控制系统的基本特点

一、电气控制系统的基本组成

如图 3-18 所示，电气控制系统由电器箱、制动电机、上行程限位开关、上极限限位开关、手持开关和电源电缆等组成。

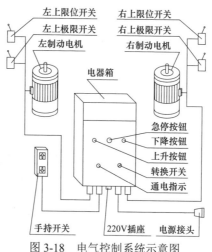

图 3-18　电气控制系统示意图

在电器控制箱上设有上行、下行操作按钮、转换开关和急停按钮，并设有手持开关。操作系统的电压通常为 24 ～ 36V 安全电压。

工作时，操作人员可在电器箱上操作，也可通过手持开关进行操作。左、右电机可以同时运行，也可以单独运行。只需转动电控箱面板上的转换开关即可实现操作方式转换。当转换开关转至中间位置时，实现左右电机同时运行。当转换开关转至一侧时，即可实现单机运行。

二、电气控制系统的工作原理及基本操作

1. 作业前的基本操作

在准备开始作业前，首先接上电源插头，合上电器箱内的漏

电保护器 QF$_1$，即接通电源。合上单片断路器 QF$_2$，控制回路得电，电源指示灯 HL 亮启。主电路通过控制变压器 TC，将电压由 380V 或 220V 降至 24V 或 36V 安全电压，确保操作安全，如图 3-19 所示。

按启动按钮 SB$_1$，主接触器 KM$_1$ 的线圈得电，接通电源完成准备工作。

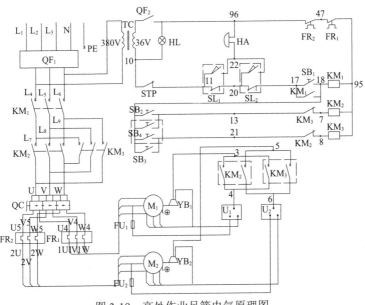

图 3-19   高处作业吊篮电气原理图

2. 悬吊平台上升操作

按上升按钮 SB$_2$，上升接触器 KB$_2$ 线圈得电，KM$_2$ 主触头吸合，接通电动机正转，悬吊平台上升。释放上升按钮 SB$_2$，上升接触器 KM$_2$ 线圈失电，电动机停止。

3. 悬吊平台下降操作

按下下降按钮 SB$_3$，下降接触器 KM$_3$ 线圈得电，KM$_3$ 主触头吸合，接通电动机反转，悬吊平台下降。释放下降按钮 SB$_3$，下降接触器 KM$_3$ 线圈失电，电动机停止。

4. 紧急情况下的操作

按下或拍下急停按钮 STP，便可切断主接触器 KM_1 的线圈控制电路，使 KM_1 的主触头分离，切断主电路电源。与此同时 KM_1 的辅助触头分离，切断上升和下降的控制电路。

排除故障后，必须旋转一下急停按钮 STP，使之手动复位，否则接不通控制回路。

5. 电动机联动与单动切换的操作

将万能转换开关 QC 旋至中间位置. 电动机 M_1 和 M_2 同时联动；将 QC 旋至左位，左电动机 M_1 单动；将 QC 旋至右位，右电动机 M_2 单动。

三、电气系统的基本保护

1. 由漏电保护器 QF_1 进行漏电保护。

2. 由熔断器 FU_1 和 FU_2 进行短路保护。

3. 由热继电器 FR 进行过载保护。

4. 在上升控制电路中串接的上行程限位开关常闭触点 SL_1 和上极限开关常闭触点 SL_2，进行防止悬吊平台冲顶的双重保护。

5. 在上升控制电路中串接下降接触器 KM_3 的常闭触点，在下降控制回路中串接上升接触器 KM_2 的常闭触点，进行电气互锁保护，避免两个接触器同时吸合，造成电路发生短路故障。

第五节　安全保护装置的基本特点

吊篮的安全保护装置主要有安全锁、限位装置、限速器和超载检测装置。

一、安全锁的基本特点

安全锁是保证吊篮安全工作的重要部件。

其作用是：在高处作业吊篮升空作业时，一旦提升机失效，悬吊平台下降失控或工作钢丝绳破断，造成平台过度倾斜或坠落时，安全锁会立即锁定在安全钢丝绳上，避免悬吊平台倾翻或坠落。

1. 安全锁的分类

按触发机构不同，常见的安全锁分为离心触发式和摆臂防倾式两种类型。

早期国产高处作业吊篮全部使用离心触发式安全锁。自 20世纪 90 年代末，国内研制出摆臂防倾式安全锁之后，双吊点矩形悬吊平台均采用了摆臂防倾式安全锁。

摆臂防倾式和离心触发式两类安全锁都分别由锁绳机构、触发机构和壳体三大部分组成。除触发机构各不相同之外，国产吊篮安全锁的锁绳机构基本相同。

2. 锁绳机构的构造及工作原理

（1）锁绳机构基本构造

如图 3-20 所示，安全锁的锁绳机构主要由绳夹 1、套板 2、预紧弹簧 3 和定位轴 4 等零件组成。

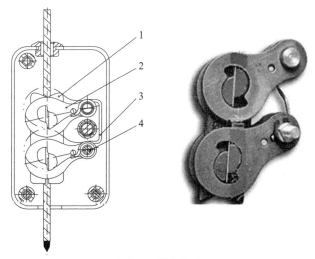

图 3-20 锁绳机构

1—绳夹；2—套板；3—预紧弹簧；4—定位轴

绳夹内侧纵向有一条半圆形槽，用于增加与钢丝绳的接触面积，其左右两侧各有两个半圆形耳状凸台，用于与套板上的双半月形孔配合。

套板尾部圆孔套装在定位轴上；套板头部的双半月形孔套装在两绳夹的各一个耳状凸台上。

（2）锁绳机构工作原理

在预紧弹簧作用下，套板绕定位轴顺时针转动，双半月孔则强制两块绳夹相互靠拢，二绳夹便将穿过其纵向半圆槽内的钢丝绳初步夹持住。当钢丝绳向上拉动时，在摩擦力的作用下，带动绳夹向上运动，同时在套板双半月孔的楔面作用下，二绳夹便夹紧钢丝绳，而且形成自锁效应（即钢丝绳向上拉力越大，二绳夹夹持钢丝绳的夹紧力越大）。

只有当外力作用在套板上方，使其逆时针转动时，才能松开绳夹。这便是安全锁锁绳机构的工作原理。

3. 触发机构的构造及工作原理

（1）离心触发机构的组成和工作原理

如图 3-21 所示，离心触发机构主要由测速轮、压紧轮、离心甩块、弹簧、拨杆和锁块组成。

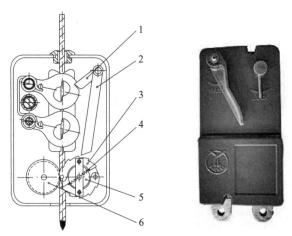

图 3-21　离心触发机构

1—楔块；2—拨杆；3—离心甩块；4—弹簧；5—测速轮；6—压紧轮

工作原理：该锁属于常开式安全锁。在未被触发之前，锁绳机构被楔块撑住，绳夹处于张开状态。安全钢丝绳从测速轮与压紧轮之间穿过。当安全锁随悬吊平台下降时钢丝绳带动测速轮顺时针转动。对称分布在测速轮上的一对离心甩块被一对拉簧拉住，随测速轮一起转动。当悬吊平台下降速度增大，测速轮的转速也相应增高，离心甩块上的离心力也随之增大。当悬吊平台下降速度达到安全锁设定的锁绳速度（大于 30m/min）时，离心甩块克服弹簧拉力向外甩出，击打其上方的拨杆。拨杆带动与其同轴联动的楔块转动。楔块便解除对安全锁锁绳机构的约束。锁绳机构在预紧弹簧的作用下，锁住安全钢丝绳，避免悬吊平台超速下降或坠落。

离心触发式安全锁有其特定的应用场合，如单吊点和多吊点以及弧形、折角型等异型悬吊平台必须采用。其缺点是抗干扰性差，例如悬吊平台工作时，人员走动过猛，都可能触发其锁绳动作。另外对恶劣环境的适应性差，锁内如进水或积尘，都会影响其触发机构的灵敏性。

（2）摆臂触发机构的组成和工作原理

如图3-22所示，摆臂触发机构主要由滚轮、摆臂和压杆组成。

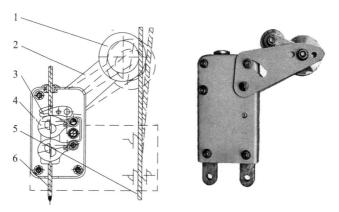

图 3-22　摆臂触发机构

1—滚轮；2—摆臂；3—压杆；4—绳夹；5—工作钢丝绳；6—安全钢丝绳

工作原理：该锁属于常闭式安全锁。在自由状态下，其锁绳机构是锁住安全钢丝绳的。当悬吊平台处于水平位置时，滚轮受到工作钢丝绳的侧向压力，强制摆臂向上抬起。摆臂经杠杆增力后使压杆向下压住锁绳机构，并且强制锁绳机构松开安全钢丝绳，使悬吊平台正常升降运行。当悬吊平台向下运行并且发生倾斜时，其低端的工作钢丝绳与安全钢丝绳的中心距变大。当悬吊平台倾斜达到锁绳角度 α 时，工作钢丝绳与安全钢丝绳的中心距增大到一定数值。此时滚轮和摆臂在重力和弹簧力的共同作用下向下摆动，使压杆向上抬起，解除对锁绳机构的压迫，使其恢复锁绳状态，制止悬吊平台低端继续向下倾斜。当解除悬吊平台的倾斜状态后，在工作钢丝绳的侧压下，安全锁便自动解除锁绳状态。

当工作钢丝绳突然破断时，由于滚轮失去了侧向压力，安全锁便立即锁住安全钢丝绳，避免发生坠落事故。

由此可见，摆臂防倾式安全锁的触发机构是一种角度探测机构。

摆臂防倾式安全锁零件少，结构简单；抗干扰性强，对恶劣环境的适应性强。其最突出的特点是，可在施工现场便捷地进行锁绳性能的定量自测。其缺点是只能应用于双吊点悬吊平台。

二、限速器的基本特点

提升机的无动力滑降即手动下降速度是靠限速器（下降速度控制装置）来控制的。

提升机电动机输出轴端装有离心限速器（或称下降速度控制装置），用以控制提升机在无动力下降时的速度处于限定范围内。

1. 限速器的构造

限速器的基本结构如图 3-23 所示，主要由摩擦片、小拉簧、轮毂和离心块组成。

限速器直接安装在电动机的输出轴上；限速器的轮毂与电动机输出轴之间采用单键直接连接；摩擦片与提升机箱体上的制动

座孔相对。当电动机以额定转速旋转时，摩擦片与箱体制动座孔之间保持微小间隙，此时，限速器不起作用。

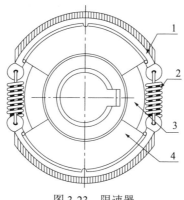

图 3-23　限速器

1—摩擦片；2—小拉簧；3—轮毂；4—离心块

2. 限速器的工作原理

当手动滑降操作或电动机制动器失效时，提升机的下降速度会大于额定速度，并不断增大。当转速达到一定数值时，离心力将拉开离心块两侧的小拉簧，使离心块在离心力作用下，克服小拉簧的拉力向外胀开，消除原有的微小间隙，使摩擦片与箱体制动座孔接触，产生摩擦力矩，使电动机输出轴的转速下降，直至摩擦片离开制动座孔。另外，当摩擦片离开制动座孔后，转速又会增加，又导致离心力的增加，从而产生前述的减速过程。上述两种过程反复循环的结果，将使提升机的下降速度保持在一个固定值附近波动，由此使提升机保持一个基本稳定的下降速度。

三、限位装置的基本特点

高处作业吊篮国家标准规定，应设置上行程限位装置和上极限限位装置（图 3-24），在地面或安全层面安装的悬吊平台，不需要下降限位装置。

图 3-24 上限位装置及挡块安装位置示意图

当悬吊平台到达预设位置时，限位开关即可断开电路，使悬吊平台停止上升或下降。上行程限位开关和上极限限位开关应有各自独立的控制装置。

第六节 钢丝绳构造与特点

一、钢丝绳简介

钢丝绳是起重吊装作业使用的主要绳索，具有强度高，弹性大，韧性好，耐磨、耐久性强，自重轻，能承受冲击载荷等优点，能在高速下平稳运动而无噪声。且磨损后，表面会产生许多毛刺，容易检查，便于预防事故，因此在起重吊装作业中被广泛应用，可用于起重、牵引、捆绑及张紧等。

爬升式高处作业吊篮是利用钢丝绳的卷绕和摩擦所产生的动力，来实现平台垂直升降的目的，因此对钢丝绳具有特殊要求。

1. 钢丝绳的基本构造

除单股钢丝绳之外，一般钢丝绳均由多支绳股捻制而成，称为多股钢丝绳。多股钢丝绳先由多根钢丝捻制成绳股，然后再由多支绳股捻制成钢丝绳。钢丝绳的具体构造如图 3-25 所示。

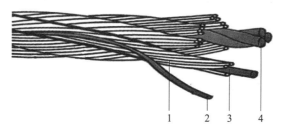

图 3-25　钢丝绳的构造

1—绳股；2—钢丝；3—股芯；4—绳芯；

2. 钢丝绳的捻向

按股捻成绳的方向不同，钢丝绳具有右捻绳和左捻绳的区别。

按股与绳的捻制方向是否一致，钢丝绳又有同向捻（股与绳的捻制方向一致）和交互捻（股与绳捻制方向相反）的区别。

如图 3-26 所示，（a）为右交互捻（绳右捻，股左捻）用代号 ZS 表示；（b）为左交互捻（绳左捻，股右捻）用代号 SZ 表示；（c）为右同向捻（绳与股均为右捻）用代号 ZZ 表示；（d）为左同向捻（绳与股均为左捻）用代号 SS 表示。

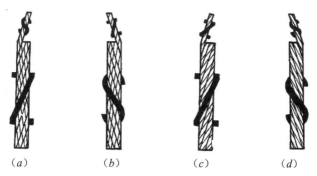

（a）　　　　（b）　　　　（c）　　　　（d）

图 3-26　钢丝绳结构简图

（a）右交互捻（ZS）；（b）左交互捻（SZ）；（c）右同向捻（ZZ）；

（d）左同向捻（SS）

3. 同向捻钢丝绳及其特点

同向捻又称顺捻。其外观特征是，外层钢丝方向与钢丝绳纵轴交叉，表面平滑。由于股与股之间的钢丝接触良好，所以同向捻钢丝绳挠性好，比较柔软；与滑轮的接触面积大，耐磨损，使用寿命长；但是，由于绳与股的捻制方向一致，具有较强的回弹旋转趋势，容易松散并扭转。因此，不适用于高处作业吊篮使用，只适用于具有导向装置，且始终受拉（如电梯等）的牵引工况。

4. 交互捻钢丝绳及其特点

交互捻又称逆捻。其外观特征是，外层钢丝方向与钢丝绳纵向轴线几乎平行。由于股与股之间的钢丝接触面小，所以交互捻钢丝绳挠性差，易磨损。但是，由于绳与股的捻制方向相反，回弹旋转作相互抵消，所以不易旋转松散。高处作业吊篮应选用交互捻钢丝绳。

二、常用钢丝绳的型式

1. 不同型式钢丝绳的特点

常用钢丝绳按钢丝之间的接触型式不同，分为点接触、线接触和面接触三种型式。

（1）点接触式钢丝绳

制造成本低、价格便宜；但是磨损快，使用寿命短。

（2）面接触式钢丝绳

承载能力大，磨损小，使用寿命长；但是采用非圆截面钢丝，制造成本高，价格昂贵，一般应用在重要场合。

（3）线接触式钢丝绳

介于点接触式钢丝绳和面接触式钢丝绳之间，综合性能适中、性价比高。

高处作业吊篮一般都常用线接触式钢丝绳，因此重点介绍线接触式钢丝绳。

2. 线接触式钢丝绳

线接触式钢丝绳分为瓦林吞型（W），西尔型（X）和填充型（T）三种类型。

（1）瓦林吞型（W）钢丝绳

W型钢丝绳又称粗细丝式钢丝绳。其每股结构特点是，在里层钢丝形成的沟槽处布置直径不同的两种钢丝，钢丝直径必须满足每根钢丝同时与相邻的三根相切，并且外层所有钢丝共切于一个圆。

W型钢丝绳直径均匀、挠性好，是起重用钢丝绳的主要结构型式。

（2）西尔型（X）钢丝绳

X型钢丝绳又称外粗式钢丝绳。其每股结构特点是，内、外层钢丝根数相同，但外层钢丝须同时与相邻的四根钢丝相切，所以直径比内层钢丝直径大。

X型钢丝绳耐磨损，但挠性较差，适用于表面磨损严重的工况。

（3）填充型（T）钢丝绳

T型钢丝绳又称填充式钢丝绳。其每股用直径相同的钢丝为基础，在其空隙处填充细钢丝起稳定几何位置的作用，并提高钢丝绳的金属充满率。此型钢丝绳便于捻制。

三、爬升式高处作业吊篮用钢丝绳的特点

爬升式高处作业吊篮用钢丝绳因其工作状态比较特殊，所以应具备以下特点：

1. 表面需镀锌

由于高处作业吊篮用钢丝绳工作状态和环境的特殊性，其表面容易锈蚀，这将影响钢丝绳的使用寿命及安全性，所以爬升式高处作业吊篮所用钢丝绳的钢丝表面应有良好的镀锌层加以保护。

2. 应尽量采用钢丝芯钢丝绳

由于爬升式高处作业吊篮用钢丝绳在绳轮上被缠绕，被压紧的工作状况非常恶劣，在弯曲的同时，还要承受多个方向的夹紧

和碾压，所以应尽量采用钢丝芯钢丝绳。

3. 应采用优质专用钢丝绳

如果钢丝绳捻制不紧密或各股捻制不均匀，则容易使钢丝绳发生松股或笼状现象。而钢丝绳在提升机内的通道非常狭窄，因其松股或产生笼状，则极易引发"憋绳"（钢丝绳卡在提升机内）故障。因此爬升式高处作业吊篮必须选用捻制均匀、紧密的优质钢丝绳。

随着在施工现场使用量的不断增加，高处作业吊篮在国民经济中所占地位也在不断提高。国家工业与信息化产业部，组织中国钢铁工业协会专门制定了《高处作业吊篮用钢丝绳》YB/T 4575—2016，为高处作业吊篮选用钢丝绳提供了标准依据。

四、高处作业吊篮用钢丝绳的选用

1. 钢丝绳型式的选用

高处作业吊篮用钢丝绳，通常选用右交互捻线接触式钢丝绳，其理由是：

（1）左捻钢丝绳仅限于在左旋带槽卷筒上使用；右捻钢丝绳最常用（标准规定右旋不必标注），因此爬升式高处作业吊篮选用右捻钢丝绳，便于采购。

（2）线接触式钢丝绳的钢丝之间接触应力较小，挠性好，使用寿命较长；捻制较密实，不易被挤扁；破断拉力比点接触式钢丝绳大；性价比高，因此爬升式高处作业吊篮选用线接触式钢丝绳。

（3）爬升式高处作业吊篮的钢丝绳在工作中处于自由悬垂状态，并且钢丝绳在绳轮之间受到挤压作用，存在着强烈的旋转趋势，显然必须采用交互捻钢丝绳。

2. 钢丝绳型号的选用

（1）适用于轴向压绳式提升机的钢丝绳型号

与8股或4股钢丝绳相比较，6股钢丝绳的结构更稳定；与4股钢丝绳相比较，6股钢丝绳的横截面钢丝充满率更高（即相同公称直径的破断拉力更大）。因此，对于轴向压绳式提升机，选用 6 股钢丝芯或钢丝绳芯钢丝绳最为适宜。

例如，典型的轴向压绳式的 ZLP800 型提升机，采用的钢丝绳即为图 3-27 所示的 6×19S＋IWR、6×19W＋IWS 和 6×19W＋IWR 三种结构型式的钢丝绳型号。

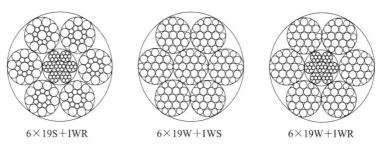

6×19S＋IWR 6×19W＋IWS 6×19W＋IWR

图 3-27 轴向压绳式提升机常用的钢丝绳型号

在钢丝绳的型号中，"6"表示 6 股；"19"表示每股 19 根钢丝；"S"表示"X"型（外粗式）；"W"表示"W"型（粗细丝式）；IWS 表示绳芯为 S 型钢丝股；IWR 表示绳芯为多股钢丝绳。

（2）适用于径向压绳式提升机的钢丝绳型号

6 股钢丝绳虽然比 4 股钢丝绳具有结构稳定、横截面充满率高等优点，但是，径向夹绳比轴向夹绳对钢丝绳的碾压力大得多，在高强度碾压过程中，钢丝绳的外层绳股会伸长，而绳芯基本无变化，二者之间会产生长度差。当长度差聚集到一定程度时，将使钢丝绳局部产生"鼓状"变形，极易造成提升机的"憋绳"故障。因此，径向压绳式提升机不宜采用 6 股结构的钢丝绳。而 4 股钢丝绳采用的是纤维芯。由于纤维芯具有一定的可塑性，可以有效地消除钢丝绳外层绳股与绳芯伸长不一致的弊端。

例如，典型的径向压绳式的 ZLP630 型提升机，采用的钢丝绳即为图 3-28 所示的 4×25Fi＋PP 和 4×31SW＋PP 两种结构型式的钢丝绳型号。

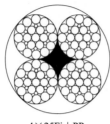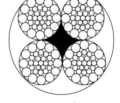

4×25Fi＋PP   4×31SW＋PP

图 3-28　径向压绳式提升机常用的钢丝绳型号

在钢丝绳型号中，"4"表示 4 股；"25""31"表示每股钢丝根数："Fi"表示股的结构为"T"型（填充式）；"SW"则表示股的结构为"X"（外粗型）；PP 表示绳芯为合成纤维（通常为尼龙）结构。

4×25Fi＋PP 与 4×31SW＋PP 钢丝绳相比较，前者的表面耐磨性较高，后者的柔韧性更佳。

（3）钢丝绳规格的选用

钢丝绳的规格由其公称直径表示。

公称直径的选定取决于所需钢丝绳的破断拉力。其计算公式如下：

$$Z_\mathrm{P} = \frac{F_0}{S} \qquad (3\text{-}1)$$

式中　Z_P——安全系数

　　　F_0——钢丝绳最小破断拉力，单位为千牛（kN）；

　　　S——钢丝绳最大工作静拉力，单位为千牛（kN）

《高处作业吊篮》GB/T 19155—2017 规定：

单作用钢丝绳悬挂系统的安全系数 Z_P 应不小于 8；

双作用钢丝绳悬挂系统的安全系数 Z_P 应不小于 12。

单作用钢丝绳悬挂系统是指，两根钢丝绳固定在同一悬挂位置，一根承担悬挂荷载，另一根为安全钢丝绳。

双作用钢丝绳悬挂系统是指，两根钢丝绳固定在同一悬挂位置，每根既承担部分悬挂荷载，又承担安全保护作用。

施工现场使用的爬升式高处作业吊篮，属于单作用钢丝绳悬挂系统，其安全系数 $Z_p \geqslant 8$。

在实际应用中，先按式（3-1）计算出所需钢丝绳的最小破断拉力 F_0 值，然后查阅《设计手册》或钢丝绳厂商的产品样本，即可选定钢丝绳的直径规格。

五、高处作业吊篮用钢丝绳的绳端固定

1. 钢丝绳端部常用的连接和固定方式

（1）编绕法

编结长度不应小于钢丝绳直径的 15 倍，且不应小于 300mm；连接强度不小于 75% 钢丝绳破断拉力。

（2）楔块、楔套连接

钢丝绳一端绕过楔，利用楔在套筒内的锁紧作用使钢丝绳固定。固定处的强度约为绳自身强度的 75% ～ 85%。

（3）绳夹连接

钢丝绳绳夹连接简单、可靠，应用广泛。但使用绳夹固定，需要注意绳夹数量、间距、夹座方向和夹紧力等诸多因素。

（4）锥套浇铸法

钢丝绳末端穿过锥形套筒后将钢丝进行松散，且将头部弯成小钩，浇入液态金属凝固而成。其连接应满足相应的工艺要求，固定处的强度与钢丝绳自身的强度大致相同。

（5）金属套压缩法

采用标准金属套（常用铝合金套）将钢丝绳端部的绳套压缩紧固进行连接。金属套压制接头强度高，质量稳定，但无法调整钢丝绳长度。

2. 吊篮钢丝绳的绳端接头形式

《高处作业吊篮》GB/T 19155—2017 国家标准推荐使用的钢丝绳端头形式如图 3-29 所示，金属压制接头和自紧楔型接头形式。

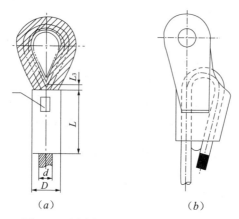

（a）　　　　　　　　　　　（b）

图 3-29　国家标准推荐的绳端接头形式

（a）金属压制接头；（b）自紧楔型接头

3. 国标推荐的绳端接头形式的特点及要求

（1）金属压制接头

常用铝合金套进行压制，有带套环（俗称鸡心环）和无套环两种型式。其特点是重量轻、制作容易、安装方便、安全可靠；但钢丝绳长度需定制且不可拆卸。

现行国家标准《钢丝绳铝合金压制接头》GB/T 6946 规定，铝合金压制接头应能承受钢丝绳最小破断拉力 90% 的静荷载以及承受钢丝绳最小破断拉力 15% ～ 30% 的冲击荷载。

（2）自紧楔型接头

构造简单、固定牢靠、可拆卸；但外形尺寸较大、较笨重。

当楔套采用铸件时，应进行退火处理，以消除内应力，宜进行无损探伤检测，以防止铸造缺陷造成事故隐患。

自紧楔型接头的安装应符合现行国家标准《钢丝绳用楔形接头》GB/T 5973 的规定，接头与钢丝绳的连接方法如图 3-30 所示，应特别注意：受力一侧的钢丝绳应安装在楔型接头的受力轴线上，右图为正确安装方式。

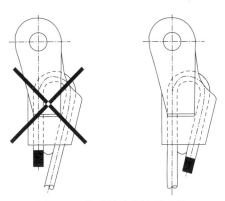

图 3-30　楔型接头的连接方法

注意：采用楔型接头时，不得在同一楔座上既固定工作钢丝绳，又固定安全钢丝绳（图 3-31）。

图 3-31　楔型接头的错误与正确连接方法

第四章 高处作业吊篮安全技术要求

第一节 提升机安全技术要求

提升机是高处作业吊篮的核心部件，其性能及技术状况会直接影响到高处作业吊篮作业的作业安全性。《高处作业吊篮》GB/T 19155—2017 对各类提升机都规定了安全技术要求，本节重点介绍电动爬升式提升机的安全技术要求。

一、爬升式提升机的基本功能要求

（1）应能测量或记录提升机的工作时间（要求配置记录累计工作时间的计时器）。

（2）电动机、减速机、制动器之间的机械传动应采用齿轮、齿条、螺杆、链条等型式，禁止采用摩擦传动型式。

（3）运动部件应有防护措施（即防护罩）。

（4）应配置主制动器。

（5）应设置手动滑降装置，在平台动力源失效时使其在合理时间内可控下降。

二、爬升式提升机的承载能力要求

（1）应能起升和下降大于等于 125% 至最大 250% 范围的极限工作荷载。

（2）承受静态 1.5 倍的极限工作荷载达 15min，承载零部件应无失效、变形或削弱，荷载应保持在原位；卸载后，应能正常操作。

（3）电动机在机械锁定状态下，静态承载 4 倍的极限工作荷载达 15min，钢丝绳应无滑移；承载零部件应无失效且荷载应保持在原位。

（4）起升机构在承载 2.5 倍的极限工作荷载时电动机应停转。

（5）不能依靠钢丝绳尾部的张力作为提升力的一部分来起升和下降荷载。

（6）提升机在进行可靠性试验承载极限工作荷载时，应能正常工作 20000 次循环（轻型）或 60000 次循环（重型）。

建筑施工现场使用的高处作业吊篮绝大部分属于轻型高处作业吊篮。

三、主制动器的基本技术要求

（1）在主电路失效或控制电路失效时，应能制动电动机停转。

（2）当提升机承载 1.25 倍的极限工作荷载、平台按额定速度运行时，应能在 100mm 的距离内制动住平台。

（3）静态承载 1.5 倍的极限工作荷载达 15min，应无滑移或蠕动现象。

（4）内衬材料应是不可燃的。

第二节　悬挂装置安全技术要求

悬挂装置是悬吊平台生根的基础。悬挂装置一旦发生问题，后果不堪设置。高处作业吊篮事故统计数据表明，由于悬挂装置安装或使用不符合要求而引发的事故占高处作业吊篮事故的三分之一以上，而且全部是造成人员伤亡的恶性事故。《高处作业吊篮》GB/T 19155—2017 对悬挂装置的安全技术要求如下。

一、悬挂装置的基本安全技术要求

（1）所有部件均可重复安装与使用。

（2）部件不应有可能引起伤害的尖角、锐边或凸出部分。

（3）固定销和紧固卡等小型元件应永久性地连接在一起。

（4）经常移动且由一人搬运的部件最大质量为 25kg ；由两人搬运的部件最大质量为 50kg。

（5）配重应坚固地安装在配重悬挂装置上，只有在需要拆除时方可拆卸。配重应锁住以防止未授权人员拆卸。

（6）横梁内外两侧的长度应是可调节式。

（7）配重悬挂装置上应附着永久清晰的安装说明。

（8）工作钢丝绳和安全钢丝绳应独立悬挂在各自的悬挂点上，如图 4-1 所示。

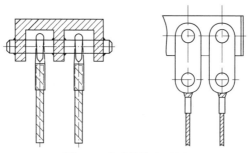

图 4-1　典型悬挂点示例

二、配重的安全技术要求

（1）每块质量最大 25kg。

（2）应是实心的且有永久（质量）标记。

（3）禁止采用注水或散状物作为配重。

（4）混凝土配重的混凝土强度应不低于 C25 ；内部应浇注加强钢筋等，适合长途运输和搬运。

三、悬挂装置的静载试验要求

（1）悬挂装置承受静载试验荷载时应保持静止。

（2）悬挂装置承受静载试验荷载 15min 后，结构件应无断裂或无任何永久变形且保持稳定。

（3）静载试验荷载的计算方法

1）静载试验荷载的垂直力，按式（4-1）计算：

$$F_v = 2.5 \times 10 \times W_{ll} \tag{4-1}$$

2）静载试验荷载的水平力应作用在最不利的方向，按式（4-2）计算：

$$F_h = 0.15 \times 10 \times W_{ll} \tag{4-2}$$

式中　F_v——垂直力，单位为牛顿（N）；

　　　F_h——水平力，单位为牛顿（N）；

　　　W_{ll}——提升机极限工作荷载，单位为千克（kg）。

四、悬挂装置的稳定性要求

1. 对悬挂装置稳定性的基本要求

（1）在配重悬挂装置外伸距离最大，起升机构极限工作荷载工况时，稳定力矩应大于等于 3 倍的倾覆力矩。

（2）女儿墙卡钳的稳定系数应大于等于 3。

（3）女儿墙结构应满足卡钳施加的水平力和垂直力。

2. 配重悬挂装置稳定性计算

（1）配重悬挂装置的受力分析见图 4-2。

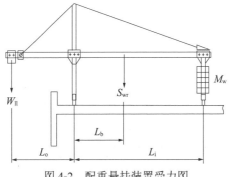

图 4-2　配重悬挂装置受力图

（2）配重悬挂装置的稳定性，按式（4-3）进行校核：

$$C_{wr} \times W_{ll} \times L_o \leqslant M_w \times L_i + S_{wr} \times L_b \tag{4-3}$$

式中　C_{wr}——配重悬挂装置稳定系数，大于或等于 3；

　　　W_{ll}——提升机极限工作荷载，单位为千克（kg）；

M_w——配重质量，单位为千克（kg）；

S_{wr}——配重悬挂装置质量，单位为千克（kg）；

L_o——配重悬挂装置外侧长度，单位为米（m）；

L_b——支点到配重悬挂装置重心的距离，单位为米（m）；

L_i——配重悬挂装置内侧长度，单位为米（m）。

3. 女儿墙卡钳稳定性计算

（1）女儿墙卡钳的受力分析，见图4-3。

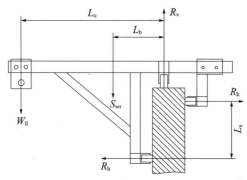

图4-3　女儿墙卡钳受力图

（2）女儿墙承受的支撑反作用力，按式（4-4）和式（4-5）计算：

$$R_h \times L_s \geqslant C_{wr} \times 10 \times W_{ll} \times L_o + 10 \times S_{wr} \times L_b \qquad (4\text{-}4)$$

$$R_v \geqslant C_{wr} \times 10 \times W_{ll} + 10 \times S_{wr} \qquad (4\text{-}5)$$

式中　R_v——卡钳垂直支撑反作用力，单位为牛顿（N）；R_v 应小于锚固点的结构抗力设计值 R_d；

R_h——卡钳水平支撑反作用力，单位为牛顿（N）；R_h 应小于锚固点的结构抗力设计值 R_d；

L_s——抵抗倾翻力矩的螺栓或支撑间的距离，单位为米（m）；

C_{wr}——卡钳稳定系数，大于或等于3；

W_{ll}——起升机构极限工作荷载，单位为千克（kg）；

L_o——卡钳外侧长度，单位为米（m）；

S_{wr}——卡钳质量，单位为千克（kg）；

L_b——支点到卡钳重心的距离，单位为米（m）。

78

第三节 悬吊平台安全技术要求

悬吊平台是载人升空作业的结构件，不仅直接关系着操作人员的人身安全，而且由于平台强度不足发生断裂，漏出人员或物体坠落，将造成伤亡事故或伤及他人。《高处作业吊篮》GB/T 19155—2017 对悬吊平台的安全技术要求如下。

一、悬吊平台的基本安全技术要求

（1）平台尺寸应满足所搭载的操作者人数和其携带工具与物料的需要。

（2）内部宽度应不小于 500mm；每个人员的工作面积应不小于 $0.25m^2$。

（3）底板应坚固、表面防滑、固定可靠。

（4）有足够的排水措施；底板上任何孔的直径不大于 15mm。

（5）四周应安装护栏、中间护栏和踢脚板。护栏高度应不小于 1000mm；中间护栏与护栏和踢脚板间的距离应不大于 500mm；踢脚板应高于平台底板表面 150mm。

（6）各承载材料应采用防锈蚀处理。

（7）应在平台明显部位永久醒目地注明额定载重量和允许乘载的人数及其他注意事项。

（8）平台上不应有可能引起伤害的锐边、尖角或凸出物。

（9）当有外部物体可能落到平台上产生危险且危及人身安全时，应安装防护顶板或采取其他保护措施。

（10）吊架高度应满足平台放置额定载重量时保持稳定，且在重心距护栏内侧 150mm 时，平台横向倾斜角度应不大于 8°。

（11）在平台工作面一侧，应设置靠墙轮或缓冲带等立面保护装置。

二、悬吊平台结构强度和稳定性要求

（1）在平台底板上施加额定载重量（R_1）时，平台产生的变

形 a 应不大于平台长度的 1/200；卸载 3min 后测量残余变形 b 应不大于平台长度的 1/1000。

（2）在平台底板上施加 $1.5 \times R_l$ 的静载时，平台产生的变形 a 应不大于平台长度的 1/130；卸载 3min 后测量残余变形 b 应不大于平台长度的 1/1000。

（3）在平台底板上施加 $1.25 \times R_l$ 动载时，不能造成结构件的失效和可见损坏。

（4）在平台底板上施加 $3.5 \times R_l$ 的极限荷载时，结构件有永久变形但无断裂。

（5）在平台底板 200mm×200mm 的面积上承载 300kg 的均布荷载时，不应造成结构件的失效和可见损坏。

三、悬吊平台护栏强度要求

（1）在平台底板施加 $1.25 \times R_l$ 的荷载，在护栏侧面上边缘施加水平静态作用力 F_h，对于前 2 个在平台上的人员，各施加 $F_h = 300N$，之后平台上每增加一人，施加 $F_h = 150N$，作用力的间距为 500mm，不应造成结构件的失效和可见损坏。

（2）在平台底板施加 $1.25 \times R_l$ 的荷载，护栏产生的变形 a 应不大于平台支撑点距离的 1/100，并且最大变形应不大于 30mm。

（3）在护栏侧面上边缘施加垂直静态作用力 $F_v = 1kN$，作用力 F_v 在宽度 100mm 距离上作用在最不利的位置，时间为 3min，不应造成结构件的失效和可见损坏。

（4）垂直静态作用力卸载 3min 后，测量残余变形 b 应不大于平台支撑点距离的 1/1000。

第四节　电气系统安全技术要求

《高处作业吊篮》GB/T 19155—2017 对电气系统安全技术要求如下。

一、电气系统安全保护要求

（1）应设置相序继电器确保电源缺相、错相连接时不会导致错误的控制响应。

（2）电气系统供电应采用三相五线制，接零、接地线应始终分开，接地线应采用黄绿相间线。在接地处应有明显的接地标志。

（3）主电源回路应有过电流保护装置和灵敏度不小于 30mA 的漏电保护装置。

（4）控制电源与主电源之间应使用变压器进行有效隔离。

（5）与电源线连接的插头结构应为母式。

（6）主电路相间绝缘电阻应不小于 0.5MΩ，电气线路绝缘电阻应不小于 2MΩ。

（7）电机外壳及所有电气设备的金属外壳、金属护套都应可靠接地，接地电阻应不大于 4Ω。

（8）电气设备防护等级应不低于 IP54。

（9）电源电缆应设保险钩以防止电缆过度张力引起电缆、插头、插座的损坏。

二、控制系统安全技术要求

（1）电控箱上的按钮、开关等操作元件应坚固可靠，且能有效防止雨水进入。

（2）电控箱上应设置一个非自动复位式的总电源的开关。

（3）按钮应是自动复位式的，最小直径为 10mm。

（4）操作的动作与方向应以文字或符号清晰表示在电控箱或其附近面板上。

（5）应设置红色的急停按钮。按下急停按钮应停止所有动作且不能自动复位。

（6）在电控箱中应设置电铃或者蜂鸣器。

（7）电控箱应能承受 50Hz 正弦波形、1250V 电压、1min 的耐压实验。

（8）电控箱应上锁以防止未授权操作。

第五节　安全保护装置安全技术要求

安全保护装置的性能及技术状况直接关系着作业人员的人身安全，《高处作业吊篮》GB/T 19155—2017 对安全保护装置安全技术要求如下。

一、安全锁安全技术要求

1. 安全技术要求

（1）当平台下降速度大于 30m/min 时，安全锁应能自动起作用。

（2）当平台纵向倾斜角度大于14°时，安全锁应能自动起作用。

（3）在平台正常工作时，安全锁不应动作。

（4）安全锁在锁绳状态下，应不能自动复位。

2. 安全使用要求

（1）安全锁应在有效期内使用，有效标定期限不大于一年。

（2）不可用安全锁制动处于升降状态的平台。

（3）锁绳后，允许利用提升机起升平台的方法，解除安全锁的锁绳状态。

（4）安全锁承载时，不准手动释放。

二、无动力下降装置安全技术要求

（1）所有提升机应设置无动力滑降装置（即手动滑降装置），在动力源失效时，能够使平台可控下降。

（2）应设置在屋面或平台上方便操作的位置，且周边应无影响其操作的其他构件。

（3）应设有离心式限速器，限制下降速度小于安全锁的触发速度。

（4）最小下降速度为提升机额定运行速度的 20%。

（5）使用完毕应能自动复位。

三、防倾斜装置安全技术要求

（1）装有 2 台及以上提升机的悬吊平台，应安装自动防倾斜装置。

（2）当平台纵向倾斜角度大于 14°时，应能自动停止平台的升降运动。

（3）应具备上升时，停止较高端提升机的上升动作；下降时，停止较低端提升机下降动作的功能。

（4）应是独立作用的装置，不需要向控制系统相关安全部件输出电信号。

四、限位装置安全技术要求

（1）应安装起升限位开关并正确定位。

（2）起升限位开关应能使平台到达最高位置，接触终端极限限位开关之前，自动停止上升。

（3）应安装下降限位开关并正确定位。

（4）下降限位开关应能使平台到达最低位置（地面或安全层面），自动停止下降。在地面或安全层面安装的悬吊平台，不需要下降限位开关。

（5）应安装终端起升极限限位开关并正确定位。

（6）起升极限限位开关应能使平台到达工作钢丝绳顶部极限位置之前，完全停止。

（7）在起升极限限位开关触发后，除非专业维修人员采取纠正操作，平台不能上升与下降。

（8）起升限位开关与起升极限限位开关应有各自独立的控制装置（即限位止档）。

五、超载检测装置安全技术要求

（1）高处作业吊篮宜设超载检测装置。

（2）每个提升机都应分别安装超载检测装置（如有）。

（3）在使用过程中应可检测到平台上升、下降或静止时的超载。

（4）应在达到提升机 1.25 倍极限工作荷载时或之前触发。

（5）一旦动作，应停止除下降以外的所有运动直到超载荷载被卸除。

（6）触发时，应能持续发出视觉或听觉警示信号。

（7）应具有防止未经授权的人员进行调整的保护措施。

（8）应能在 1.6 倍的提升机极限工作荷载范围内工作，且应能承受 3 倍的提升机极限工作荷载的静载，而不会损坏。

第六节　钢丝绳安全技术要求

《高处作业吊篮》GB/T 19155—2017 对钢丝绳安全技术要求如下：

一、钢丝绳的基本要求

（1）钢丝表面应经过镀锌或其他类似的防腐措施。

（2）性能应符合《重要用途钢丝绳》GB 8918—2006 的规定。

（3）最小直径 6mm。

（4）安全钢丝绳直径应不小于工作钢丝绳直径。

（5）单作用钢丝绳的安全系数不小于 8；双作用钢丝绳的安全系数不小于 12。

二、绳端固定的技术要求

（1）绳端固定应符合现行国家标准《塔式起重机安全规程》GB 5144 的规定。

（2）端头形式应为金属压制接头、自紧楔型接头等，或采用其他相同安全等级的形式。

（3）钢丝绳如失效会影响安全时，则不能使用 U 形钢丝绳夹。

三、钢丝绳可靠性试验测试要求

在提升机完成所规定的可靠性试验循环次数后，钢丝绳应满足下列要求：

（1）在 $30 \times d$（钢丝绳公称直径）的长度上，可见钢丝断丝数小于 10 根；

（2）钢丝绳不出现笼型松散或任何一股断裂；

（3）钢丝绳与其端部仍能承受 6 倍的提升机极限工作荷载的拉力不断裂。

四、钢丝绳的报废标准

依据《起重机 钢丝绳 保养 维护 检验和报废》GB/T 5972—2016 规定，当钢丝绳的劣化程度达到下列判废标准时，应报废。

1. 可见断丝数量

可见断丝数量达到表 4-1 规定断丝数量的钢丝绳应报废：

钢丝绳中达到报废程度的最少可见断丝数　　表 4-1

外层股中承载钢丝总数 n	可见外部断丝的数量	
	$6d$ 长度范围内	$30d$ 长度范围内
$51 \leqslant n \leqslant 75$	2	4
$76 \leqslant n \leqslant 100$	4	8
$101 \leqslant n \leqslant 120$	5	10
$121 \leqslant n \leqslant 140$	6	11

注：1. 此表仅适用于爬升式高处作业吊篮使用的交互捻钢丝绳；

2. 填充丝不作为承载钢丝，因而不包括在 n 内；

3. 每股不大于 19 根钢丝的外粗式钢丝绳的取值位置，在"外层股中承载钢丝总数"所在行之上的第二行；例如，$6 \times 19S$ 型钢丝绳，$n = 114$；应在"$51 \leqslant n \leqslant 75$"行取值；

4. d—钢丝绳公称直径；

5. 绳端固定装置处的断丝达到两根或更多，应报废；

6. 局部聚集集中在一个或两个相邻的绳股，即使 $6d$ 长度范围内的断丝数低于表中的规定值，也要报废；

7. 股沟断丝，在 $6d$ 长度范围内出现两根或更多，应报废。

2. 钢丝绳直径减小

钢芯单层股钢丝绳，直径减小量大于或等于 7.5% d，应报废。

纤维芯单层股钢丝绳，直径减小量大于或等于 10% d，应报废。

3. 断股

钢丝绳发生断股，应立即报废。

4. 腐蚀

（1）外部腐蚀：发现钢丝绳表面重度发生凹痕及钢丝严重松弛时，应报废；

（2）内部腐蚀：发现腐蚀碎屑从外股绳之间的股沟溢出时，应考虑报废。

5. 畸形和损伤

（1）波浪形

如图 4-4 所示，当直尺和螺旋面之间的间隙 $g \geqslant 1/10 \times d$ 的，钢丝绳应报废。

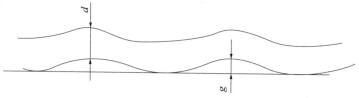

图 4-4　波浪形钢丝绳

（2）笼状畸形

如图 4-5 所示，出现篮状或灯笼状畸形的钢丝绳应立即报废。

图 4-5　笼状畸形

（3）绳芯或绳股突出或扭曲

如图 4-6 所示发生绳芯或图 4-7 所示绳股突出的钢丝绳应立即报废。

图 4-6　绳芯突出

图 4-7　绳股突出

绳芯或绳股突出是篮状或灯笼状畸形的一种特殊类型，其表征为绳芯或钢丝绳外层股之间中心部分的突出，或外层股或股芯的突出。

（4）钢丝的环状突出

如 4-8 图所示，发生绳丝环状突出的钢丝绳应立即报废。

图 4-8　钢丝突出

（5）绳径局部增大

如图 4-9 所示，钢芯钢丝绳直径增大 5% 及以上，应查明其原因并考虑报废钢丝绳。

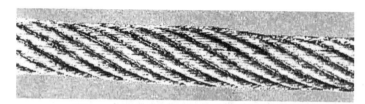

图 4-9　绳芯扭曲引起的钢丝绳直径局部增大

（6）局部扁平

如图 4-10 所示，钢丝绳的扁平区段经过滑轮或绳轮的应考虑报废。

图 4-10　局部扁平

（7）扭结

如图 4-11 ～图 4-13 所示，发生扭结的钢丝绳应立即报废。

图 4-11　扭结（正向）

图 4-12　扭结（反向）

图 4-13　整体扭结

（8）折弯

折弯严重的区段需经过滑轮或绳轮的钢丝绳，应立即报废。

在折弯部位底面伴随有折痕，无论是否经过滑轮或绳轮，均宜看作是严重折弯。

（9）热或电弧引起的损伤

1）外观能够看出被加热后颜色的变化或钢丝绳上润滑脂的异常消失的钢丝绳，应立即报废。

2）两根或史多钢丝局部受到电弧影响的钢丝绳，应报废。

第七节　整机安全技术要求

《高处作业吊篮》GB/T 19155—2017 对整机安全技术要求如下：

一、基本要求

（1）标准件、配套件、外购件、外协件应有合格证方可使用。

（2）所有零部件的安装应正确、完整，连接牢固可靠。

（3）焊接质量应符合产品图样的规定，重要部件应进行探伤检查。

（4）结构件应进行有效的防腐处理。

（5）在下述条件下应能正常工作：

1）环境温度：$-10℃\sim+55℃$；

2）环境相对湿度不大于 90%（25℃）；

3）电源电压偏离额定值 ±5%；

4）工作处阵风风速不大于 8.3m/s（相当于 5 级风力）。

二、技术性能要求

1. 吊篮的各机构作业时应保证

（1）电气系统与控制系统功能正常，动作灵敏、可靠；

（2）安全保护装置与限位装置动作准确，安全可靠；

（3）各传动机构运转平稳，不得有过热、异常声响或振动，起升机构等无渗漏油现象。

2. 平台升降速度要求

应不大于 18m/min，其误差不大于设计值的 ±5%。

3. 噪声要求

额定载重量工作时，在距离噪声源 1m 处的噪声值应不大于 79dB（A）。

4. 可靠性要求

（1）重型提升机，可靠性试验工作循环次数 60000 次；首次故障前工作时间为 $0.3t_0$（t_0 为累计工作时间），且工作循环次数不低于 3000 次；平均无故障工作时间为 $0.2t_0$，且工作循环次数不低于 1800 次。可靠度不低于 92%。

（2）轻型提升机，可靠性试验工作循环次数 20000 次；首次

故障前工作时间为 $0.8t_0$，且工作循环次数不低于 3000 次；平均无故障工作时间为 $0.5t_0$，且工作循环次数不低于 2000 次。可靠度不低于 92%。

三、使用安全要求

（1）工作钢丝绳与安全钢丝绳应分别牢固地安装在独立设置的悬挂点上。

（2）应根据平台内的人数，配备独立的坠落防护安全绳。与每根坠落防护安全绳相系的人数不应超过两人。

（3）高处作业吊篮的任何部位与输电线的安全距离应大于10m，如果安全距离受条件限制，应与有关部门协商，并采取安全防护措施后方可安装作业。

（4）严禁用吊篮作电焊接线回路。

（5）平台内严禁放置氧气瓶、乙炔瓶等易燃、易爆品。

第五章 高处作业吊篮的安装

第一节 安装作业的准备工作

一、施工现场的安装准备

1. 检查和处置安装场地及施工条件

（1）检查运输零、部、构件的车辆进场路线与卸料场地的安全性。

（2）检查现场供配电是否符合规定。

（3）高处作业吊篮安装位置与输电线之间的安全距离应不小于 10m。

（4）高处作业吊篮安装位置与塔机、施工升降机、物料提升机之间应保持足够的安全距离。

（5）悬挂装置安装位置的建（构）筑物的承载能力应符合产品说明书或设计计算书要求。

（6）清除悬吊平台和悬挂装置安装部位的障碍物；安装悬挂装置的楼层应具有基本平整条件；已做防水层的楼面，应准备足量木板，以加强成品保护。

（7）设置带有漏电开关和接地线的 380V 三相电源配电箱；确保每台高处作业吊篮有独立的成套开关电路供电；专用配电箱不得用于接用其他用电设备。

（8）在安装作业范围内设置有效防护和警示。

（9）经全面检查符合安装条件后，方可组织进场安装。

2. 检查安装用具及个人安全防护用品

（1）检查安装用工具、仪表、设施和设备，并确认其完好。

（2）检查安装拆卸作业警示标志，并确认其设置位置适当、醒目。

（3）检查安全绳、安全带、自锁器和安全帽，并确认其数量充足，质量符合相关标准规定，且未达到报废程度。

3. 检查和清点待装零部构件

（1）检查所有待装零部件，并确认是经过检修合格的，且在规定使用期限内。

（2）检查所有待装结构件，并确认其无裂纹和明显弯曲，扭曲或局部变形。

（3）检查安全装置，并确认其有效、可靠、齐全，安全锁在有效标定期内。

（4）按整机安装数量清点零部件、结构件、配套件和紧固连接件的数量。

（5）准备垫块、木方等辅助材料。

（6）将检查清点合格的零部构件搬运至指定的待安装位置。

二、安装作业前的安全技术交底

高处作业吊篮在安装施工前，应由安装单位项目技术负责人依据专项施工方案、工程实际情况、特点和危险因素编写安全技术交底书面文件，并向参与安装施工的班组和所有人员进行详细的安全技术交底。安全技术交底完毕后，所有参加交底的人员应履行签字手续，并归档保存。

安全技术交底的主要内容：

（1）本安装工程项目特点与概况；

（2）本项目施工人员的现场指挥与具体分工；

（3）本安装工程的工作环境及危险源；

（4）针对危险部位采取的具体防范措施；

（5）作业中应注意的安全事项；

（6）作业人员应遵守的安全操作规程和规范；

（7）安全防护措施的正确使用与操作；

（8）发现事故隐患应采取的措施；

（9）安装作业紧急情况的应急救援预案；

（10）发生事故后应及时采取的避险、自救方法、紧急疏散和急救措施；

（11）其他安全技术事项。

第二节　安装作业的程序与方法

一、整机安装流程图

整机安装流程图如图 5-1 所示。

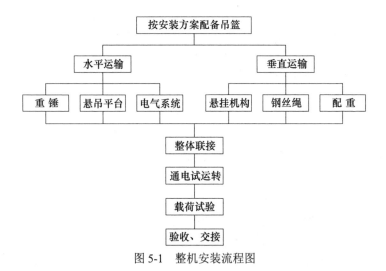

图 5-1　整机安装流程图

二、悬挂装置的安装程序与方法

将需悬挂装置的零件、构件和附属件垂直运输至屋顶或预定的安装层面。

1. 配重悬挂装置的安装程序与方法

按图 5-2 所示装配关系安装配重式悬挂装置。

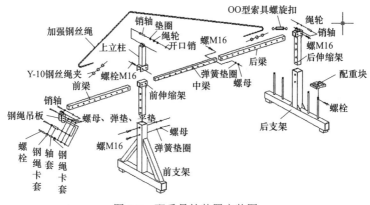

图 5-2　配重悬挂装置安装图

（1）将前伸缩架插入前支架套管内，根据女儿墙的高度调整伸缩架的高度，然后用螺栓固定，完成前支座安装。

（2）将后伸缩架插入后支架套管内，后伸缩架的高度与前伸缩架等高，然后用螺栓固定，完成后支座安装。

（3）将前梁、后梁分别装入前、后支座的伸缩架顶部方管内。

（4）用中梁前后两端分别套接前梁、后梁，并根据现场实际情况选定前梁的外伸尺寸及前、后支座的水平距离（此的距离尽量放至最大）。

（5）将上立柱卡在前伸缩架顶部，用螺栓将前梁、前伸缩架和上立柱一起固定，完成上立柱组装。

（6）将加强钢丝绳的一端穿过前梁钢丝绳吊板的滚轮后，用楔型接头（或其他符合标准规定型式的接头）固定；将 OO 型索具螺旋扣的一端放入后伸缩架顶部的小连接支板内，插入销轴进行固定；将钢丝绳的另一端穿过索具螺旋扣的另一端，然后将钢丝绳端部进行固定；调节螺旋扣的长度，绷紧加强钢丝绳。

（7）将工作钢丝绳和安全钢丝绳上端分别安装在前梁的钢丝绳吊板上，并且用螺栓或销轴进行可靠的连接与固定。

（8）在钢丝绳适当位置安装上行程限位和上极限限位挡块。安装方法应符合产品使用说明书规定。

（9）检查各部件安装应正确、牢固，确认无误后，将悬挂装置移至预定的使用位置。

（10）用销子固定承重脚轮；用垫木垫高前支座，使非承重脚轮悬空。

（11）将配重块按产品使用说明书规定的数量，安装在后支座规定的位置上，并且进行有效锁止。

（12）根据悬吊平台二吊点间距，用上述方法安装另一悬挂装置。

（13）将工作钢丝绳、安全钢丝绳沿建筑物外立面从绳头部开始缓慢放下。在放第二根钢丝绳前，须由专人在地面将前一根钢丝绳拉开。严禁两根钢丝绳在缠绕状态进行穿绳。

（14）检查各紧固件及钢丝绳和配重的固定情况。

2. 女儿墙卡钳的安装程序与方法

按图 5-3 所示，进行安装（不同厂商的女儿墙卡钳的安装方法，按产品使用说明书）。

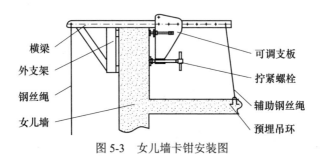

图 5-3　女儿墙卡钳安装图

（1）将工作钢丝绳和安全钢丝绳分别用螺栓或销轴安装并固定在横梁前端的吊板处。

（2）将横梁插入可调支板。

（3）将卡钳骑在女儿墙上。

（4）将外支架抵紧在女儿墙外侧，根据女儿墙厚度尺寸调节可调支板在横梁上的位置，用二条及以上螺栓将可调节支板和横梁连接为整体。

（5）旋转拧紧螺栓，将卡钳固定在女儿墙上。

（6）将辅助钢丝绳两端分别固定在横梁尾部和预埋吊环上并拉紧。

（7）检查各部件安装应正确、牢固，并确认无误。

（8）根据悬吊平台两吊点间距，用上述方法安装另一卡钳。

（9）将工作钢丝绳、安全钢丝绳沿建筑物外立面从绳头部开始缓慢放下。在放第二根钢丝绳前，须由专人在地面将前一根钢丝绳拉开。严禁两根钢丝绳在缠绕状态进行穿绳。

三、悬吊平台的安装程序与方法

1. 悬吊平台安装流程图（图5-4）

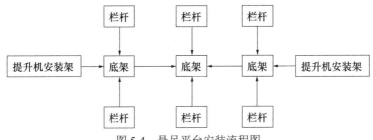

图5-4　悬吊平台安装流程图

2. 悬吊平台的安装方法

普通悬吊平台按图5-5所示装配关系进行安装。

（1）将底板平放，且垫高200mm左右。

（2）用底板和两侧栏杆各一件组装平台基本节，并用螺栓组进行初步连接。

（3）按平台纵向长度尺寸，将基本节对接成整体。

（4）调整各基本节栏杆，使其保持在同一条直线上。

（5）将提升机安装架，安装于栏杆两端；脚轮安装在提升机安装架底部，用螺栓连接。

（6）检查各部件安装应正确、无错位，确认无误后，紧固全部螺栓。

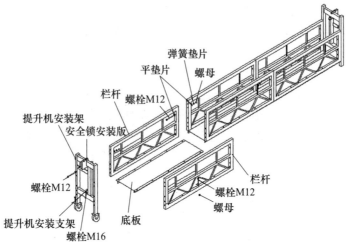

图 5-5 悬吊平台安装图

3. 地面安装的其他部件的安装方法（图 5-6）

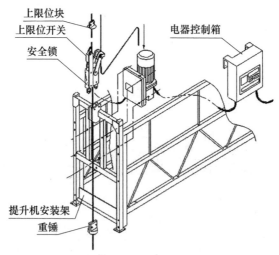

图 5-6 在地面安装的其他部件

（1）将电器控制箱箱门朝向悬吊平台内侧，固定在悬吊平台非工作面一侧的栏杆上。

（2）将提升机搬运至悬吊平台内。

（3）使提升机下方的安装孔对准安装架上的提升机固定支座。

（4）插入销轴并用锁销锁定，或穿入螺栓用螺母紧固。

（5）在提升机箱体上端用两只连接螺栓将提升机固定在提升机安装架的横框上。

也可通电后，在悬吊平台外将工作钢丝绳穿入提升机，并点动上升按钮将提升机吊入悬吊平台内进行安装。

采用此方法安装时，须将提升机出绳口处悬空并垫稳，在钢丝绳露出出绳口时将钢丝绳引出，防止钢丝绳头部冲击地面受损。

（6）把安全锁安装在安装架的安全锁支板上，用螺栓紧固。注意将摆臂滚轮朝向平台内侧。

（7）将上限位行程开关和上限位极限开关分别安装在安全锁上的开关支板上，且用螺栓固定。

（8）将上限位行程挡块和上限位极限挡块分别安装在钢丝绳顶部。

（9）将重锤安装在安全钢丝绳的下端。

四、整机安装与调试方法

1. 检查并确认

（1）各连接部位应牢固可靠。

（2）钢丝绳完好无损。

（3）电路接线正确。

2. 连接和检查电气系统

（1）将电动机插头、手持式开关插头分别插入电控箱下部相应的航空插座内。

（2）确认无误后，按三相五线制连接电源。

（3）确认电源电压应在380V±5%范围内。

（4）按下漏电断路器上的试验按钮，漏电断路器应迅速动作。

（5）关好电控箱门，检查电铃、行程限位开关、极限限位开关、手持式开关、转换开关和电动机等应工作正常。

3. 穿入钢丝绳（图 5-7）

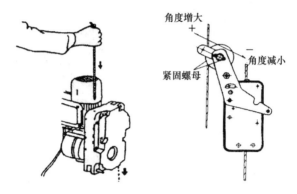

图 5-7　穿钢丝绳示意图

（1）将电控箱面板上的转换开关转到待穿钢丝绳的提升机单独动作的挡位。

（2）将工作钢丝绳从安全锁的摆臂滚轮与挡环中穿过后，用力插入提升机上部入绳口内，直至插不进为止，然后将钢丝绳略为提起后再用力下插，使钢丝绳插紧在提升机内；按下上升按钮，使工作钢丝绳自动卷入提升机。

（3）在穿绳过程中要密切注意有无异常情况，直至工作钢丝绳由提升机出绳口露出为止；若有异常，应立即停止穿绳。

（4）继续按住上升按钮，待工作钢丝绳绷直后，将自动打开摆臂防倾式安全锁。

（5）将穿出的钢丝绳通过提升机安装架下端，垂直引放到悬吊平台外侧，并盘放收好。

（6）将位于悬挂装置外侧的安全钢丝绳穿入安全锁内。

（7）穿绳时先将安全锁摆臂向上抬起，再将钢丝绳穿入安全锁上方的进绳口中，用手推进使其自由通过安全锁后，从安全锁下方的出绳口将钢丝绳拉出，直至将钢丝绳拉紧。

（8）按上述程序安装另一侧提升机、安全锁和钢丝绳。

（9）将两端提升机分别穿绳至钢丝绳拉紧后停止，然后将转换开关转至中间挡位，点动上升按钮，同时拉住悬吊平台两端，使其在自重作用下处于悬吊状态。应注意在悬吊平台离开地面时，避免与墙面或其他物体发生冲撞。

（10）待悬吊平台离开地面 200～300mm 时，停止上升，并检查悬吊平台是否处于水平状态。平台如有倾斜，可将转换开关转至低端单动挡位，并点动上升按钮，使悬吊平台运行至水平位置。

（11）整理地面富余的钢丝绳，将其卷成圈后捆扎好，防止异常弯曲或损伤。

4. 其他安装与检查

（1）将安全绳（俗称生命绳）一端固定在建（构）筑结构上，另一端沿建（构）筑物外立面垂放至地面。

（2）在安全绳与锐边接触处进行防磨损保护。

（3）全面检查各安装部位，在确认无误后，进行调整及试运行。

（4）安装完成后，应对高处作业吊篮进行全面自检；然后按规定进行检验与验收。

（5）经检验与验收合格后，方可投入使用。

第三节 安装作业的安全技术要求

一、结构件安装安全技术要求

1. 结构件安装的一般要求

（1）不得采用不同制造厂商生产的结构件进行混装。

（2）应采用与原厂配套紧固件规格、强度等级相同的紧固件进行连接。

（3）特制悬挂装置、超长悬吊平台或异型平台，应由专业制造单位进行设计、提供定制构件，并按照专项施工方案指导安装与加载试验。

（4）安装要完整、齐全，不得少装、漏装。

（5）所有螺栓必须按规定加装垫圈。

（6）所有螺母均应紧固；有力矩要求的螺母，应使用力矩扳手按规定的力矩进行紧固；螺栓头部露出螺母 2～4 个螺距。

（7）如图 5-8 所示，开口销尾部打开时，要求分开的部分平直、对称；不允许长短不齐、带圆弧和上下留有空挡；尾部分开角度应不小于 60°。

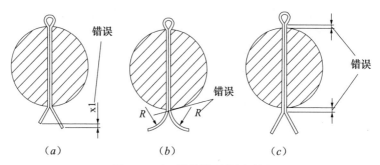

图 5-8 开口销的错误使用示例

（a）尾部长短不齐；（b）尾部带圆弧；（c）上下留有空挡

2. 悬挂装置安装的安全技术要求

（1）配重悬挂装置前后支座应安装在扎实稳定的水平支承面上，且与支承面保持垂直。

（2）带承重脚轮的支座，需用插销将脚轮固定，防止作业时发生滚动；带非承重脚轮的支座，须将支座用木方垫实，使脚轮悬空不得受力。

（3）配重应稳定的固定在配重架上，且应设有防止可移动配重的措施。

（4）加强钢丝绳张紧程度，应符合产品使用说明书的规定。产品使用说明书无规定的，可参考如下方法张紧加强钢丝绳：旋转索具螺旋扣，初步预紧加强钢丝绳，消除横梁插接处间隙即可；测量横梁前端距离地面的高度；继续旋紧螺旋扣，使横梁前端上翘 30～50mm 为宜。

（5）如图 5-9 所示，前梁外伸尺寸不得超过产品使用说明书规定的最大外伸尺寸 L_{max}；前、后支座的水平距离不得小于产品使用说明书规定的最小距离 B_{min}；配重数量（重量）不得少于产品使用说明书的规定，确保悬挂装置的抗倾覆力矩与倾覆力矩之比不小于 3。

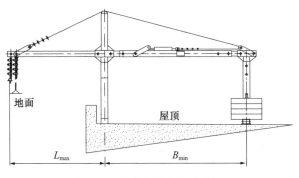

图 5-9　悬挂装置安装示意图

（6）如图 5-10 所示，配重悬挂装置的横梁安装后，只允许前端略高于后端，其水平高度差 $\Delta H \leqslant 4\%$ 横梁总长度。

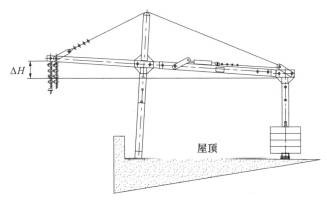

图 5-10　横梁安装示意图

（7）如图 5-11 所示，悬挂装置吊点安装后的水平间距与悬吊平台吊点间距的尺寸偏差 $A - B \leqslant 50mm$。注意：只允许悬挂装置吊点的水平间距略大于悬吊平台吊点间距。

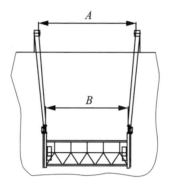

图 5-11 吊点间距偏差示意图

（8）如图 5-12 所示，不准将配重式悬挂装置的横梁直接安装在女儿墙或其他支撑物上。当受工程施工条件限制，配重式悬挂装置需要放置在女儿墙及建筑物外挑檐边缘等位置时，应采取防止其倾翻或移动的措施，且须校核支承结构的承载能力。

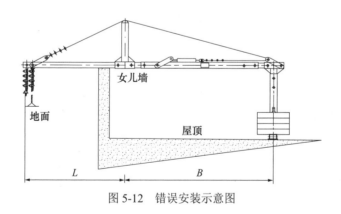

图 5-12 错误安装示意图

（9）如图 5-13 所示，前支座的上立柱和下支架的中心线应安装在同一铅垂线上。

（10）相邻安装的女儿墙卡钳，应校验其最小间距处支撑结构的强度。

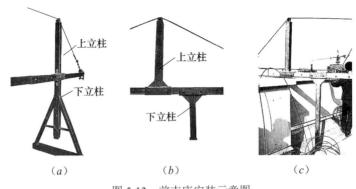

（a）　　　　　　　（b）　　　　　　　（c）

图 5-13　前支座安装示意图

（a）正确；（b）错误；（c）错误

（11）当配重悬挂装置的安装高度或横梁外伸长度超出产品使用说明书规定时，应由高处作业吊篮制造厂商进行专门验算，必要时应对悬挂装置进行加强或加固。

（12）当支承或固定悬挂装置的建筑物局部承载力不能满足要求时，应采取补强措施。

（13）如果受到现场安装空间或施工条件所限，在安装时需要对产品使用说明书规定的某项参数进行调整或变动时，必须征得高处作业吊篮制造厂商的同意，并且在其技术指导下进行调整或变动，以确保施工安全。

二、整机安装的安全技术要求

1. 整机安装的一般安全技术要求

（1）应确认安全锁在有效标定期内，方可进行安装。

（2）提升机和安全锁与悬吊平台的连接，应采用原厂配套的专用销轴或螺栓。插入销轴后，应将其端部锁止，防止意外脱落。

（3）如图 5-14（a）所示，安全钢丝绳必须独立于工作钢丝绳另行悬挂。图 5-14（b）所示属于设计错误，产品只设计了一个钢丝绳悬吊点，应拒绝安装；图 5-14（c）所示属于安装错误，产品设计有两个钢丝绳悬吊点，但安装时错把安全钢丝绳和工作钢丝绳安装在同一个悬吊点上，这是绝对不能允许的。

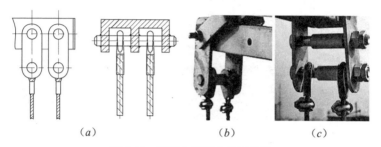

图 5-14　正确与错误安装示意图

（a）设计安装正确；（b）设计错误；（c）安装错误

（4）安全钢丝绳应选用与工作钢丝绳相同的型号、规格，避免因混用发生故障。

（5）钢丝绳绳端的固定应符合《高处作业吊篮》GB/T 19155—2017 的规定。

（6）安装在钢丝绳上端的上行程限位挡块和上极限限位挡块应分别安装，且确保固定可靠。

（7）精确调整上行程限位开关和上极限限位开关的摆臂，确认其能够有效触碰限位挡块。

（8）安全绳的性能指标应符合《坠落防护安全绳》GB 24543—2009 的规定。

（9）将安全绳牢固地固定在建筑物或构筑物的结构上，不得以高处作业吊篮任何部位作为拴结点。

（10）在安全绳与女儿墙或建筑结构的转角接触处，垫上软垫或采取有效的防磨保护措施。

（11）安全带的性能指标应符合《安全带》GB 6095—2009 的规定。

（12）将安全带扣到安全绳上时，必须采用配套的专用自锁器或具有相同功能的单向自锁卡扣，并且注意自锁器不得反装。

（13）安装电源电缆保险钩，以防止电缆过度张力引起电缆、插头、插座的损坏。

2. 整机安装的定量安全技术要求

（1）钢丝绳的安装长度应满足：在悬吊平台下降至最低位置时，钢丝绳尾端露出提升机与安全锁出绳口的长度不小于 2m。

（2）在正常运行时，安全钢丝绳应处于悬垂绷直状态，应在其下端距地面 100～200mm 处，安装重量不小于 5kg 的重锤，如图 5-15 所示。

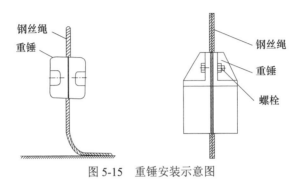

图 5-15　重锤安装示意图

（3）限位挡块的安装位置应能保证行程限位开关先于极限限位行程开关触发；极限限位行程的限位挡块，应与钢丝绳吊点之间保持不小于 0.5m 的安全距离。

（4）安全绳在承受 22kN 的静力试验载荷下应无撕裂和破断现象。

（5）安全绳尾部应垂放至地面或悬吊平台最低工作位置以下。

（6）坠落悬挂安全带进行整体静态负荷测试，应满足下列要求：

1）整体静拉力不应小于 15kN；

2）不应出现织带撕裂、开线、金属件碎裂、连接器开启、断绳、金属件塑性变形、模拟人滑脱、缓冲器（绳）破断等现象；

3）安全带不应出现明显不对称滑移或不对称变形；

4）模拟人的腋下、大腿内侧不应有金属件；

5）不应有任何部件压迫模拟人的喉部、外生殖器；

6）织带或绳在调节扣内的滑移距离不应大于 25mm。

（7）电源电缆悬垂长度超过100m时，应采取抗拉保护措施。

（8）在高处作业吊篮安装及运行范围10m内，有高压输电线路时应采取有效隔离措施。

（9）相邻安装的高处作业吊篮，其悬吊平台端部的水平间距应大于0.5m。

三、安装作业安全注意事项

（1）安装作业人员应经过培训，合格后并取得特种作业人员操作资格证书，方可进行安装拆卸作业。

（2）安装作业人员应穿防滑鞋，正确佩戴安全帽、安全带、安全绳和自锁器。

（3）酒后、过度疲劳、服用不适应高处作业药物或情绪异常者不得参与安装拆卸作业。

（4）安装人员操作悬吊平台上下运行时，应将安全带的锁扣扣牢在自锁器上。

（5）在高处进行安装拆卸作业时，安装人员应佩戴工具袋。

（6）高处作业吊篮应在专业人员指挥下进行安装或拆卸。

（7）避免立体交叉作业。

（8）在雨、雪、大雾或风力超过五级的大风天气以及夜间，不得进行高处作业吊篮安装拆卸作业。

（9）在建筑物或构筑物安装层进行悬挂装置安装时，作业人员应与建（构）筑结构边缘保持安全距离；在狭小场地作业时，作业人员和设备均应采取有效的防坠落措施。

（10）由建（构）筑物安装层向下垂放钢丝绳时，作业人员应佩戴安全带，且把安全带固定在可靠的拴结点上，以防止高空坠落。

（11）应缓慢释放钢丝绳，注意防止钢丝绳因下放长度增加，其下降速度增快，而导致失控引发事故。

（12）放置在安装层等待安装的钢丝绳应卷绕规整，零部构件应码放整齐，避免绊倒作业人员而发生意外。

（13）将连接提升机至电控箱的电缆线整齐地缠绕在平台护栏的中间栏杆上，避免电缆线受损或绊倒作业人员而发生意外。

（14）通电后，应检查电源相序，确认无误后，方可开始操作。

第四节　安装后的检查和验收

一、悬挂装置的检查和验收项目

（1）悬挂装置施加于建筑物或构筑物的作用力，符合建（构）筑结构的承载要求。

（2）悬挂装置设有标明提升机极限工作载荷和标明不同横梁外伸长度和支撑间距所对应配重重量图表的标牌。

（3）横梁高度和外伸长度不大于产品使用说明书规定；如超出产品使用说明书规定的，属于特制悬挂装置。

（4）特制悬挂装置或采用特殊安装方式的悬挂装置，具有安装单位提供的通过专家论证／评估的专项施工方案。

（5）横梁安装水平高度差不大于横梁长度4%，且前高后低。

（6）悬挂装置安装后两吊点的水平距离应大于悬吊平台两吊点之间距离，且距离偏差不大于50mm。

（7）前、后支座与支承面的接触稳定牢固，如有脚轮已采取相应措施。

（8）前支座的上立柱应与下支架安装在同一条铅垂线上。

（9）将横梁安装在女儿墙或其他支撑物上时，采取了防止横梁滑移或侧翻的约束装置或约束措施。

（10）配重数量和重量不少于产品使用说明书规定，无明显缺角少棱，且码放整齐、固定牢靠、锁止有效。

（11）悬挂装置抗倾覆稳定性符合《高处作业吊篮》GB/T 19155—2017规定，在正常工作状态下，悬挂装置的抗倾覆力矩与倾覆力矩的比值不得小于3。

（12）加强钢丝绳的张紧程度符合产品使用说明书或有关规定。

（13）当整机稳定性由建（构）筑结构支撑或锚固件来保证时，应确认系统的所有方面都已根据规格、图纸和相关技术要求正确安装。

（14）如预埋件（U形或 J 形螺栓等）已由高处作业吊篮产权单位自行提供给土建施工单位预理到结构中的，土建施工单位应出具一份正确安装这些预埋件的确认单。

（15）对可见并承受剪力和拉力的化学锚栓或机械膨胀锚栓，应抽样 20% 进行相应的扭矩和／或拉拔试验。

（16）对隐蔽并承受剪力和拉力的化学锚栓或机械膨胀锚栓，应进行 100% 的相应扭矩和／或拉拔试验。

二、悬吊平台的检查和验收项目

（1）悬吊平台拼接长度不超过产品使用说明书规定。

（2）超长拼接的悬吊平台须通过专家论证／评估。

（3）悬吊平台零部件应齐全、完整，不得少装、漏装或混装。

（4）悬吊平台内部宽度不小于 500mm。

（5）悬吊平台底部四周踢脚板的高度不得小于 150mm；底板上无直径大于 15mm 孔洞。

（6）四周栏杆高度应不小于 1000mm。

（7）在平台工作面一侧，设有靠墙轮或缓冲带等立面保护装置。

（8）在平台明显部位有永久醒目地注明额定载重量和允许乘载人数及其他注意事项。

三、提升机与安全锁的检查和验收项目

（1）提升机和安全锁均应采用专用螺栓或销轴与悬吊平台可靠连接。

（2）提升机进绳口孔口磨损后的尺寸不得超过 2 倍钢丝绳直径。

（3）提升机外壳应平整无明显机械损伤，不得存在裂纹。

（4）提升机铭牌内容完整、清晰。

（5）提升机不存在漏油或明显渗油现象。

（6）安全锁在有效标定期内。

（7）安全锁外壳平整、无明显机械损伤；运动部件无阻卡现象。

（8）安全锁铭牌内容完整、清晰。

四、电控系统的检查和验收项目

（1）电控箱牢固稳妥地安装在悬吊平台非工作一侧的护栏上。

（2）电缆线绝缘外皮无严重明显破损或挤压变形。

（3）电源电缆不得存在中间接头。

（4）电源电缆上端保护钩固定牢靠。

（5）长度超过 100m 电源电缆采取了抗拉保护措施。

（6）连接各部件的电缆线排列规整且固定有序。

（7）电控箱外壳平整，无明显变形；按钮、旋钮、指示灯、插座和门锁完好无损。

（8）电控箱内元器件完好无损，布线规则整齐，不存在飞线现象。

（9）各控制按钮和开关动作准确、可靠，标识清晰、正确。

（10）电气系统采用三相五线制供电方式。

（11）电气系统应具备过热、短路、漏电、相序和急停等安全保护功能；漏电保护装置的灵敏度不小于 30mA；急停按钮能切断主电源控制回路。

（12）控制电源与主电源之间有变压器进行有效隔离；控制电路采用了安全电压。

（13）电气设备防护等级不低于 IP54。

（14）与电源线连接的插头采用的是母式结构。

（15）带电零件与机体之间的绝缘电阻不小于 2mΩ。

（16）电气系统接地电阻不大于 4Ω，并设有明显接地标志。

（17）电控箱能有效防水，且门锁完好。

五、钢丝绳的检查和验收项目

（1）工作钢丝绳和安全钢丝绳的规格型号应相同，且符合产品使用说明书的规定。

（2）钢丝绳的质量不超过现行国家标准《起重机 钢丝绳 保养、维护、检验和报废》GB/T 5972 规定的报废条件。

（3）钢丝绳表面镀锌、无油。

（4）钢丝绳表面无附着物或缠绕纤维等异物。

（5）钢丝绳的绳端固定，须符合现行国家标准《塔式起重机安全规程》GB 5144 有关钢丝绳绳端固定的规定，且不得使用 U 形钢丝绳夹。

（6）在钢丝绳回弯处，须使用鸡心环进行保护。

六、安全绳和自锁器的检查和验收项目

（1）安全绳的性能指标，应符合现行国家标准《坠落防护 安全绳》GB 24543 的规定。

（2）安全绳无松散、打结和中间接头等现象；无割伤、断股、集中断丝或严重拉毛等缺陷。

（3）安全绳应固定在有足够强度的封闭型建（构）筑结构上，绳端固定应牢靠；不存在固定在高处作业吊篮部件上的情况。

（4）在安全绳转角处与锐边接触的部位，有加垫软体材料以防止绳被磨断的保护措施。

（5）根据限定作业人员的数量，按标准规定配有足量的安全绳。

（6）自锁器与安全绳直径规格相一致。

（7）自锁器各部件完好、齐全，规格和方向标识清晰可辨。

七、整机的检查和验收项目

（1）工作钢丝绳与安全钢丝绳分别安装在悬挂装置的独立悬挂点上。

（2）安全钢丝绳的下端安装有重锤，且重锤底部离地高度在 100 ～ 200mm 范围内。工作钢丝绳是否安装绳坠铁，按产品使用说明书的规定检查。

（3）钢丝绳的长度应满足悬吊平台能够安全落地。

（4）安装在钢丝绳上端的行程限位和极限限位挡块固定可靠，分别能够与上限位开关和上极限限位开关有效触碰。挡块与钢丝绳固定点之间保持不小于 0.5m 的安全距离。

（5）相邻悬吊平台端部留有不小于 0.5m 的安全距离。

（6）所有连接螺栓按规定加装垫圈，其头部露出螺母 2 ～ 4 个螺距。

（7）所有销轴端部安装有防脱落装置；开口销开口角度大于 60°，且符合有关规定。

（8）所有紧固件不存在错装、漏装或混装现象，且均已紧固到位。

（9）所有结构件无明显局部变形或整体明显塑性变形；管件磨损或锈蚀不得大于设计壁厚的 10%。

（10）所有焊接件的焊缝不存在肉眼可见裂纹。

（11）高处作业吊篮任何部位与输电线的安全距离不小于 10m 或具有供电部门书面意见，且采取相应的安全防护措施。

（12）每台高处作业吊篮配备有一机、一闸、一漏电保护的专用配电箱，且符合现行行业标准《施工现场临时用电安全技术规范》JGJ 46 的规定。

（13）在悬吊平台运行范围内无障碍物；与塔机、施工升降机和物料提升机等其他施工设备之间保持有足够的安全距离。

八、试运行的检查和验收项目

1. 空载试运行

在悬吊平台距地面 5m 的高度范围内，做三次升降运行：

（1）检查电源相序应正确，按钮操作应正常。

（2）提升机无异常声响，电动机电磁制动器动作灵活可靠起动、制动平稳正常。

（3）悬吊平台运行平稳，无冲击现象。

（4）按下"急停"按钮，悬吊平台应能停止运行；"急停"

按钮需手动复位后，方可运行恢复正常操作。

（5）扳动上行程限位开关的摆臂后，悬吊平台应能停止向上运行；松开摆臂后，即可恢复正常运行。

（6）扳动上极限行程限位开关的摆臂后，应能切断总电源，使悬吊平台停止一切运行；摆臂需手动复位和重新送电后，方可恢复正常运行。

（7）手动滑降检查，将悬吊平台上升 3～5m 后停住，取出提升机手柄内的拨杆，并将其插入电机风罩内的拨叉孔内，在悬吊平台两端，同时向上抬起拨杆，悬吊平台应能平稳滑降，滑降速度应不小于提升机额定速度的 20%。

（8）观察提升机累计计时装置工作正常。

2. 额定载重量试运行

在悬吊平台内均匀装载额定载重量（包括机上人员重量），悬吊平台上下运行 3～5 次，每次行程 3～5m，检查：

（1）提升机起动、制动平稳，无异常声响。

（2）悬吊平台运行平稳，无冲击现象。

（3）在运行过程中无异常声响、停止时无滑降现象。

（4）将悬吊平台升至离地 1m 左右，停止运行，检查提升机制动器应灵敏有效，无滑移现象。

（5）在悬吊平台升降过程中，试验急停按钮应正常有效。

（6）在悬吊平台倾斜状态下，试验调平操作动作有效。

（7）试验安全锁锁绳性能符合规定。

（8）将悬吊平台升至离地 2m 左右停止运行，试验手动滑降应正常有效。

（9）将悬吊平台升至最大高度，使上行程限位开关触及限位挡块，上行程限位装置灵敏有效。

（10）将悬吊平台升至最大高度，使上行程极限限位开关触及限位挡块，上行程极限限位装置灵敏有效。

（11）试验完毕后，检查悬吊平台和悬挂装置的连接正常，各连接处应牢固、无变形、无松动现象。

九、安装质量安全检查验收表

高处作业吊篮安装质量的安全检查与验收，可参照表 5-1 "高处作业吊篮安装质量检查验收表"的项目进行。

高处作业吊篮安装质量检查验收表　　　　表 5-1

查验项目	项目编号	查验内容及要求	查验结果	查验结论
资料复验	1.1	产品出厂检验合格证		
	1.2	产品使用说明书		
	1.3	安全锁标定证书		
	1.4	安装合同和安全协议		
	1.5	安装单位特种作业人员证书		
	1.6	安装／拆卸专项施工方案		
	1.7	安装质量自检报告		
结构件	2.1	重要结构件无可见裂纹，无严重塑性变形和锈蚀		
	2.2	焊缝无可见裂纹		
	2.3	结构件、连接件和标准件安装齐全、完整		
	2.4	螺栓应露出螺母 2～4 个螺距		
	2.5	销轴连接有轴向止动，开口销尾部开口 ≥60°		
标配吊篮悬挂装置	3.1	稳定力矩与倾覆力矩的比值不小于 3		
	3.2	前、后支架与支承面的接触应稳定可靠		
	3.3	前支架的上立柱与下支架应在同一条铅垂线上		
	3.4	配重及其安装应符合规定		
	3.5	横梁安装高度和前梁外伸长度不大于规定极限尺寸		
	3.6	女儿墙卡钳应提供女儿墙的承载力证明资料		

查验项目	项目编号	查验内容及要求	查验结果	查验结论
标配吊篮悬挂装置	3.7	横梁水平高度差≤4%横梁长度，且前高后低；		
	3.8	悬挂装置吊点水平间距与悬吊平台吊点间距的长度误差≤50mm		
	3.9	加强钢丝绳的张紧程度应符合使用说明书规定		
特制吊篮悬挂装置	4.1	应有专家评审／论证报告		
	4.2	应由安装单位提供锚固环和预埋螺栓直径≥16mm，安全系数≥3的相关资料		
	4.3	有防止横梁滑移或侧翻的约束装置或可靠措施 有防止前支架向建筑结构外边缘滑移的可靠措施		
	4.4	超高安装的横梁，应有校核前支架压杆稳定性的计算书，且$[\lambda] \leq 150$		
	4.5	超长外伸的横梁，应有校核横梁强度、刚度和整体稳定性的计算书		
悬吊平台	5.1	悬吊平台拼接总长度符合使用说明书规定		
	5.2	护栏门不得向外开启，且应设电气联锁装置		
	5.3	护栏高度、水平间距符合《高处作业吊篮》GB/T 19155—2017规定		
	5.4	底板应牢固、无破损，并有防滑措施，开孔直径≤15mm		
	5.5	底部挡板高度≥150mm，与底板间隙≤5mm		
	5.6	相邻悬吊平台端部的水平间距应大于0.5m		
	5.7	与建筑物墙面间应设有导轮或缓冲装置		
	5.8	悬吊平台运行通道应无障碍物		

查验项目	项目编号	查验内容及要求	查验结果	查验结论
提升机	6.1	与悬吊平台连接牢固可靠		
	6.2	箱体无漏油现象		
	6.3	所有外露传动部分应设置防护装置		
	6.4	具有良好的穿绳性能,无卡绳或堵绳现象		
安全装置	7.1	安全绳独立固定在建筑物上,且在转角处有保护措施		
	7.2	安全绳无中间接头、破损、腐蚀、老化等缺陷		
	7.3	安全锁与悬吊平台连接牢固、可靠		
	7.4	安全锁在锁绳状态下,不应自动复位		
	7.5	安全锁在有效标定期内		
	7.6	行程限位装置触发灵敏、可靠,安全距离不小于 0.5m		
钢丝绳	8.1	每个吊点应设置 2 根钢丝绳,且分别独立悬挂		
	8.2	钢丝绳的型号和规格应符合产品使用说明书的要求,且直径≥6mm		
	8.3	安全钢丝绳应选用与工作钢丝绳相同的型号、规格,最下端应设置重量不小于 5.0kg 的重锤,且重锤底部离开地面 100～200mm		
	8.4	钢丝绳绳端固定牢固,且符合《高处作业吊篮》GB/T 19155—2017 规定		
	8.5	钢丝绳达到或超过本规程规定的,应报废		
	8.6	钢丝绳表面无涂料、粘接剂、纤维缠绕等现象		
电气系统	9.1	应采用三相五线制保护系统供电		
	9.2	带电零件与机体间的绝缘电阻应≥2MΩ		

查验项目	项目编号	查验内容及要求	查验结果	查验结论
电气系统	9.3	电气系统接地电阻应≤4Ω		
	9.4	专用配电箱应设置隔离、过载、短路、漏电等电气保护装置，并符合《施工现场临时用电安全技术规范》JGJ 46—2005的规定		
	9.5	电控箱应设置相序、过热、短路、漏电等保护装置，熔断器规格选配正确		
	9.6	悬吊平台上应设电气操控装置，且具防水功能		
	9.7	设有能切断主电源控制回路的急停按钮		
	9.8	电控箱内的电气元件应排列整齐，固定可靠		
	9.9	电控箱应具有防水、防尘、防振措施和门锁		
	9.10	电缆线无破损、固定应规整		
	9.11	具有随行电缆保护措施		
标牌标志	10.1	产品铭牌应固定可靠，易于观察		
	10.2	应设有醒目的限制载重量及人数的警示标牌		
空载运行试验	11.1	提升机运转应灵活、无异响		
	11.2	制动系统应灵敏、可靠		
	11.3	限位装置应动作灵敏、可靠		
	11.4	手动滑降应顺畅、平稳		
安全锁试验	12.1	安全锁动作应灵敏、可靠		
	12.2	摆臂防倾式安全锁锁绳角度≤14°		
	12.3	离心触发式安全锁向上手动快速抽绳时，触发动作应灵敏		

注：定量数据应将实测数据填写在查验结果栏中，对定性要求应将观测状况填写在查验结果栏中。

第五节　安装过程常见问题处理

一、悬挂装置安装常见问题处理

1. 施工现场不具备安装前支座的条件，需将横梁放置在女儿墙上

（1）应首先确认女儿墙能否承受高处作业吊篮工作时产生的最大荷载；

（2）若确认女儿墙能够承重，则可采取有效措施将横梁固定或稳妥地卡在女儿墙上，以防止横梁滑移或侧翻；

（3）若确认女儿墙不能承载，则不可将横梁架设在女儿墙上。

2. 横梁外伸长度过长或横梁架设过高，超出产品使用说明书规定的范围

（1）须由高处作业吊篮制造厂商提供特制吊篮专项施工方案和设计计算书；

（2）经专家审查、论证 / 评估、确认安全后，方可投入使用。

3. 施工现场无法安装高处作业吊篮标配悬挂装置，须架设特制悬挂装置

（1）须由高处作业吊篮制造厂商制造并提供特制悬挂装置；

（2）由高处作业吊篮制造厂商出具相应的专项施工方案、设计计算书和出厂检验报告；

（3）经过专家审查、论证 / 评估、确认安全后，方可投入使用。

二、悬吊平台及相关部件安装常见问题的处理

1. 平台安装长度超出产品使用说明书规定的范围

（1）须由高处作业吊篮制造厂商提供设计计算书和出厂检验报告；

（2）经过专家审查、论证 / 评估、确认安全后，方可投入使用。

2. 在主悬吊平台侧面外挂辅助平台

（1）须由高处作业吊篮制造厂家提供设计计算书和试验报告；

（2）经过专家审查、论证／评估、确认安全后，方可投入使用。

3. 安装除矩形平台之外的异型平台

（1）须由高处作业吊篮制造厂商提供设计计算书和型式检验报告；

（2）经过专家审查、论证／评估、确认安全后，方可投入使用。

三、钢丝绳安装常见问题的处理

1. 钢丝绳穿入提升机或安全锁不顺畅

（1）检查钢丝绳头部是否规整，必要时进行修磨；

（2）检查提升机或安全锁进绳通道是否通畅。

2. 钢丝绳过长

（1）可把富余的钢丝绳存留在悬挂装置的吊点以上；

（2）将钢丝绳固定在吊点处后，把剩余的钢丝绳卷绕成卷，挂在前支座上。

第六章　高处作业吊篮的拆卸

第一节　拆卸作业管理和准备工作

一、拆卸作业的管理要求

1. 安全技术交底

（1）高处作业吊篮在拆卸施工前，应由拆卸单位项目技术负责人依据专项施工方案、工程实际情况、特点和危险因素编写安全技术交底书面文件，并向参与拆卸施工的班组和所有人员进行详细的安全技术交底。

（2）安全技术交底完毕后，所有参加交底的人员应履行签字手续，并归档保存。

2. 拆卸现场管理

（1）拆除作业人员应按拆除方案规定的程序和操作规程进行高处作业吊篮的拆除作业。

（2）在拆除过程中应有专业技术人员和专职安全管理人员进行现场安全监督与管理。

（3）直至拆卸的高处作业吊篮各部件安全装车，运回产权单位进行下次租赁前的转场维修与保养。

二、拆卸作业准备工作

（1）安拆人员学习并熟知专项施工方案。

（2）通知无关人员远离拆卸现场。

（3）在拆卸现场划定安全区域，排除作业障碍，设置警示标志或安全围栏。

（4）确认在10m范围内无高压输电线路，或按照现行行业标准《施工现场临时用电安全技术规范》JGJ 46 的规定，采取有效隔离措施。

（5）清除高处作业吊篮拆卸运输线路的障碍物。

（6）对待拆除的高处作业吊篮进行全面检查，登记零部件损坏的情况，并记录有关状况。

（7）将悬吊平台下降到平整的地面或稳定可靠的固定平台之上。

（8）在待拆卸的高处作业吊篮上悬挂"拆卸中禁止使用"的警示牌。

第二节　拆卸作业的程序与方法

一、拆卸作业流程图

高处作业吊篮拆卸作业流程参见图6-1。

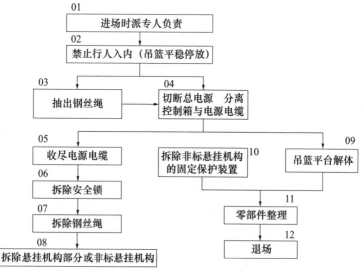

图 6-1　高处作业吊篮拆卸作业流程图

高处作业吊篮的拆卸应遵循先下后上的原则，即先拆除悬吊平台再拆除悬挂装置；拆除连接悬吊平台和悬挂装置的钢丝绳和电缆线。

二、钢丝绳和电缆线的拆卸方法

（1）卸下安全钢丝绳上的重锤。

（2）启动下行按钮将工作钢丝绳从提升机中抽出。

（3）将安全钢丝绳从安全锁中抽出。

（4）切断总电源，把电源电缆从电控箱上的航空插头处卸下，卷绕成卷后绑扎成捆。

（5）将工作钢丝绳和安全钢丝绳拉上楼顶或安装悬挂装置的楼层。

（6）把钢丝绳和限位挡块从悬挂装置上卸下。

三、悬吊平台的拆卸方法

（1）将电动机和手持式开关的电缆插头从电控箱上的插座上卸下。

（2）将安全锁和提升机从安装架上卸下。

（3）卸下提升机安装架。

（4）将栏杆和底板进行解体。

（5）将所有零部构件整齐码放于通风、干燥、无腐蚀气体环境中。

四、悬挂装置的拆卸方法

（1）取下配重，码放整齐。

（2）将悬挂装置平移至较安全区域。

（3）将工作钢丝绳和安全钢丝绳从吊点上拆卸，卷绕成卷后绑扎成捆。

（4）旋松索具螺旋扣，卸下加强钢丝绳。

（5）拆除连接螺栓或销轴，将横梁从前、后支座上拆下。

（6）拆除连接螺栓，拆散前、中、后梁。

第三节　拆卸作业的安全技术要求

高处作业吊篮拆除时应按照专项施工方案，并在专业人员的指挥下实施。

一、电气系统拆卸安全技术要求

（1）在拆卸电气设备之前，必须确认电源已经被切断。

（2）应由电源端向用电器端进行拆除。

（3）将拆下的电控箱放置在不易磕碰的位置，避免损坏。

（4）将拆下的电源电缆卷成直径 600mm 左右的圆盘，并且扎紧放置到安全位置。

二、钢丝绳拆卸安全技术要求

（1）拆卸人员必须系好安全带后，方可将钢丝绳收回到屋顶。

（2）将钢丝绳从悬挂装置上拆下后，卷成直径约 600mm 的圆盘，扎紧后摆放到平坦干燥处。

三、悬挂装置拆卸安全技术要求

（1）在建筑物或构筑物屋面上进行悬挂装置的拆卸时，作业人员应与屋面边缘保持 2m 以上的距离，并应对作业人员和设备采取相应的安全防护措施，其安全防护措施应符合现行行业标准《建筑施工高处作业安全技术规范》JGJ 80 的规定。

（2）拆卸分解后的零部件不得放置在建筑物或构筑物边缘，并采取防止坠落的措施。

（3）拆卸的配重应码放稳妥，不得堆放过高，防止倾倒伤人。

（4）零散物品应放置在容器中，避免散落丢失或坠落伤人。

（5）不得将任何零部件、工具和杂物从高处抛下。

四、悬吊平台及相关部件拆卸安全技术要求

（1）拆卸人员从悬吊平台上拆卸提升机时，须配合默契、统一，防止被挤伤或砸伤。

（2）将拆下的平台结构件分类码放整齐，堆放不宜过高。

（3）将拆下的提升机、安全锁和电控箱分类码放，不得相互挤压或碰撞。

第七章　高处作业吊篮的安全操作

第一节　对高处作业吊篮操作人员的基本要求

一、高处作业吊篮操作工的基本条件

（1）年满 18 周岁，且不超过国家法定退休年龄；

（2）经社区或者县级以上医疗机构体检健康合格，并无妨碍从事相应高危作业的器质性心脏病、癫痫病、美尼尔氏症、眩晕症、癔症、震颤麻痹症、精神病、痴呆症以及其他疾病和生理缺陷；

（3）具有初中及以上文化程度；

（4）具备必要的安全技术知识与技能；

（5）符合高危作业规定的其他条件。

二、高处作业吊篮操作工的岗前安全教育

1. 岗前安全教育的对象与方法

（1）对所有准备首次进入悬吊平台进行施工作业的人员，应由吊篮使用单位的技术负责人或专职安全员进行岗前安全教育培训。

（2）对当班设备维修人员，应以召开班前会议的形式进行安全教育培训。

（3）对新安装的高处作业吊篮在首次使用前，应请设备产权单位的技术人员或设备管理人员对使用和维修人员进行技术培训。

2. 岗前安全教育的主要内容

（1）安全防护用品的配备及使用要求。

（2）施工作业前的危险源辨识。

（3）施工作业前的设备检查要点。

（4）设备使用的安全操作要求。

（5）特殊作业的安全操作须知。

（6）紧急情况时的应急处置措施。

第二节　高处作业吊篮使用前的安全技术检查

一、使用前对设备的安全技术检查

1. 检查安全锁

（1）摆臂防倾式安全锁的检查方法

将悬吊平台上升到 $1 \sim 2m$ 处停机，把万能转换开关扳至一侧，按下行按钮使悬吊平台倾斜，当悬吊平台倾斜至 $4° \sim 8°$ 时，安全锁即应锁住安全钢丝绳。

将悬吊平台低端上升至水平状态，使安全锁复位，安全钢丝绳在安全锁内处于自由状态。

按上述方法检查另一侧安全锁。

（2）离心限速式安全锁的检查方法

托起重锤使安全钢丝绳处于自由悬垂状态，用手在安全锁上方快速抽动安全钢丝绳，安全锁应立即锁住安全钢丝绳，且不能自动复位。

扳动开锁手柄，使安全锁处于正常工作状态待用。

2. 检查悬吊平台

（1）提升机与悬吊平台的连接处应无异常磨损、腐蚀、表面裂缝、连接松脱、脱焊等现象。

（2）安全锁与悬吊平台的连接处应无异常磨损、腐蚀、表面裂缝、连接松脱、脱焊等现象。

（3）电控箱、电缆线、控制按钮、插头应完好无损；上限位及极限限位开关、手持式开关等应灵活可靠；无漏电现象。

3. 检查悬挂装置

（1）各连接处应牢固、无破裂脱焊现象。

（2）配重放置正常、无短缺、锁止完备。

（3）安全钢丝绳与工作钢丝绳分别独立悬挂，且绳端固定正常。

（4）钢丝绳表面无过度磨损、无粘结或缠绕物等异常现象（检查发现达到报废标准的钢丝绳必须及时更换）。

（5）钢丝绳下端悬吊的重锤安装正常。

4. 通电检查

（1）检查悬吊平台的运行状况，提升机应无异常声音和振动现象。

（2）电磁制动器的制动灵敏、可靠、无异常。

5. 检查限位挡块

（1）将悬吊平台上升到最高作业高度。

（2）调整上限位开关摆臂的角度，使限位开关摆臂上的滚轮处于上限位挡块的控制范围内。

6. 空载试验

（1）操作悬吊平台空载上下运行 3～5 次，每次行程 3～5m。

（2）全过程应升降平稳，提升机无异常声响，电机电磁制动器动作灵活可靠。

（3）各连接处无松动现象。

（4）在运行中，按下"急停"按钮，悬吊平台应能立即停止运行。

（5）在向上运行中，扳动限位开关的摆臂，悬吊平台应能停止向上运行。

7. 手动滑降检查

（1）操作悬吊平台上升 3～5m 处停住。

（2）取出提升机的手柄式拨杆，并将其旋（插）入电机风罩内的拨叉孔内。

（3）由两人在平台两端同时向上抬起拨杆，悬吊平台应能平稳滑降，滑降速度应符合标准规定。

8. 额定载重量试验

（1）在悬吊平台内均匀装载额定载重量。

（2）操作悬吊平台上下运行 3 ～ 5 次，每次行程 3 ～ 5m。

（3）在运行过程中应无异常声响；停止时无滑降现象。

（4）各紧固连接处应牢固，无松动现象。

二、使用前对安全防护措施的检查

（1）检查进入施工现场的高处作业吊篮作业人员，应正确佩戴安全帽。

（2）检查进入悬吊平台的作业人员，应穿防滑鞋和紧身工作服，不得穿硬底鞋或拖鞋和宽松服装等。

（3）检查安全绳应设置在建（构）筑物主体结构上，与建（构）筑物接触部位需采取保护措施。

（4）安全绳和安全带应保持完好，无破损。

（5）检查进入悬吊平台，准备进行高处作业的操作工，应系牢安全带，且将安全带通过自锁器牢靠的连接在安全绳上。不得将安全带直接系在悬吊平台上。

（6）检查安全绳的数量应满足，每根安全绳最多供两人使用；当悬吊平台上的人数超过两人时，每人应配备一根安全绳进行防护。

（7）使用手持工具作业的，应将手持工具系上线绳与操作工的手臂相连。

（8）在作业中存在小工具或零件坠落风险的，操作工应配备工具包。

三、使用前对作业条件的安全确认

（1）使用前对每台高处作业吊篮上的作业人员进行登记，并保持人员的稳定。

（2）查阅交接班记录，了解上一班的作业情况和设备状况；确认有无交办事项及设备遗留问题。

（3）确认环境温度在 −10℃〜 55℃的范围内。

（4）确认施工现场电源的工作电压符合 380V±5% 的条件。

（5）确认作业场所的相对湿度不大于 90%（25℃）。

（6）确认工作地点不超过海拔 1000m。

（7）确认施工现场具有充足的照明条件，光照度应大于 150lx。

（8）确认作业时的风速不大于 8.3m/min（相当于五级风力）。

（9）在雨雪、雷暴、沙尘等恶劣气候条件时，应停止作业。

（10）确认与高压电间的安全距离不小于 10m 或采取了有效安全防护措施。

（11）确认与其他大型施工设备保持了不发生相互干涉的安全距离。

（12）确认在悬吊平台运行的通道内无任何障碍物。

（13）确认在有坠物伤人可能性场所施工的悬吊平台顶部设置了牢固的安全防护棚。

（14）确认在悬吊平台下方地面设置了有效警戒措施。

（15）确认在强粉尘、腐蚀、辐射等恶劣环境中，采取了有效的安全防护措施。

第三节 高处作业吊篮使用安全操作规程

一、安全操作注意事项

（1）作业时应精神集中，不准做有碍操作安全的事情。

（2）尽量使荷载均匀分布在悬吊平台上，避免过度偏载。

（3）当电源电压偏差超过 ±5%，但未超过 10% 或工作地点超过海拔 1000m 时，应适当地降低荷载使用，载重量应控制在额定载重量的 80% 以下使用。

（4）在运行过程中，悬吊平台发生明显倾斜时，应及时进行调平。

（5）在悬吊平台运行时，应注意观察运行范围内有无障碍物。

（6）电动机起动频率不大于 6 次 /min，连续不间断工作时间不大于 30min。

（7）经常检查电动机和提升机表面的温度，当其温升超过65K 时，应暂停使用提升机。

（8）在作业中，突遇大风或雷电雨雪时，应立即将悬吊平台降至地面，切断电源，绑牢平台，有效遮盖提升机、安全锁和电控箱后，方准离开设备。

（9）运行中发现设备异常（如异响、异味、过热等），应立即停车检查。故障不排除不准开车。

（10）发生故障，应请专业维修人员进行排除。安全锁应由制造厂商维修。

（11）在运行过程不得进行任何保养、调整和检修工作。

（12）停机后在现场进行保养、调整和检修时，需拉闸断电，且应在上一级电源配电处设置"禁止合闸"的警示标志，或派专人值守。

（13）电控箱内应保持清洁、无杂物，不得将工具或材料放入电控箱内。

（14）操作人员有权拒绝违章指挥和强令冒险作业。

二、安全操作禁止事项

（1）在双吊点和多吊点悬吊平台上，禁止一人单独操作。

（2）操作人员应从地面或固定平台上进出悬吊平台。在未采取安全保护措施的情况下，禁止从窗口、楼顶等其他位置进出悬吊平台。

（3）禁止超载作业。

（4）禁止把高处作业吊篮作为垂直运输设备使用。

（5）禁止在悬吊平台内用梯子或其他垫脚物取得较高的工作位置。

（6）在悬吊平台内进行电焊作业时，严禁将悬吊平台或钢丝绳当做接地线使用，并应采取防电弧飞溅灼伤钢丝绳的有效措施。

（7）禁止在悬吊平台内猛烈晃动或做"荡秋千"等危险动作。

（8）禁止歪拉斜拽悬吊平台。

（9）禁止固定安全锁开启手柄，或捆绑摆臂等人为使安全锁失效的行为。

（10）禁止在安全锁锁闭时，开动提升机下降。

（11）禁止在安全钢丝绳绷紧的情况下，硬性扳动安全锁的开锁手柄。

（12）悬吊平台向上运行时，禁止使用上行程限位开关停机。

（13）禁止在大雾、雷雨或冰雪等恶劣气候条件下进行作业。

（14）禁止在照明不足的场所进行作业。

（15）在提升机发生卡绳故障时，应立即停机。禁止反复按动升降按钮强性排险。

三、作业后的操作要求

（1）每班作业结束后，应将悬吊平台降至地面，放松工作钢丝绳，使安全锁摆臂处于松弛状态。

（2）切断电源，锁好电控箱。

（3）及时检查各部位安全技术状况。

（4）彻底清扫悬吊平台各部。

（5）妥善遮盖提升机、安全锁和电控箱。

（6）将悬吊平台停放平稳，必要时进行捆绑固定。

（7）认真填写交接班记录及设备履历书。

第四节　高处作业吊篮安全保护装置的调整

一、安全锁的测试与调整方法

1. 摆臂防倾式安全锁的调整方法

（1）调试准备

1）做好操作前的准备工作；

2）接通电源；

3）提升悬吊平台离开地面 2m 左右，确认运行正常。

（2）测量安全锁的实际锁绳角度

1）将悬吊平台上升到离地 1m 左右停止；

2）将万能转换开关旋至一侧提升机单动挡；

3）按下行按钮使悬吊平台一侧下降发生倾斜；

4）直至安全锁锁住安全钢丝绳为止；

5）测量悬吊平台底部两端与水平地面之间的高度差；

6）如图 7-1 所示，根据平台高度差与平台长度尺寸比值的反正弦函数，可换算出安全锁的实际锁绳角度。

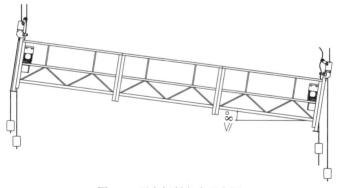

图 7-1　平台倾斜角度示意图

为方便现场施工人员快速换算安全锁实际锁绳角度，可按图 7-2 所示的平台高度差与锁绳角度的对应关系，查表 7-1 即可获得到安全锁实际锁绳角度。

（3）调整锁绳角度

1）《高处作业吊篮》GB/T 19155—2017 规定，当平台纵向倾斜角度大于 14°时，安全锁应能自动起作用。

2）在实际使用时，将摆臂防倾式安全锁的锁绳角度调整在 4°～8°范围内。

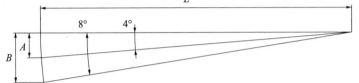

图 7-2 平台高度差与锁绳角度关系简图

常用平台高度差与锁绳角度的对应表　　表 7-1

序号	平台长度 L（mm）	锁绳角度对应的平台高度差 A 和 B	
		4° 对应 A（mm）	8° 对应 B（mm）
1	1500	105	209
2	2000	140	278
3	3000	209	418
4	4000	279	557
5	5000	349	696
6	6000	419	835
7	7500	523	1044

3）如图 7-3 所示，摆臂防倾式安全锁的锁绳角度大小，可通过调整滚轮在摆臂支架上的孔位来调整。

4）若实测安全锁的锁绳角度小于 4°时，可将滚轮向外侧孔的位置调整，则锁绳角度增大。

5）若实测安全锁的锁绳角度大于 8°时，可将滚轮向内侧孔的位置调整，则锁绳角度减小。

6）经过调整滚轮位置仍无法达到适当锁绳角度的安全锁，

图 7-3　锁绳角度调整图

则须由专业制造厂商进行调整，且调整后须经专业检测设备进行检测与标定，合格的方可继续使用。

2. 离心触发式安全锁的调试方法

（1）调试准备

1）做好操作前的准备工作；

2）将悬吊平台落在平整地面上；

3）拆除安全钢丝绳上的重锤，使安全钢丝绳处于自由悬垂状态。

（2）测试安全锁的锁绳灵敏度

1）用手握紧安全锁进绳口附近的钢丝绳；

2）快速向上抽动钢丝绳；

3）观察安全锁应能触发，则为正常；若不能触发，则应更换。

（3）安全锁的调整

1）离心触发式安全锁在施工现场只能定性测试；

2）离心触发式安全锁不得在施工现场进行调整或检修；

3）离心触发式安全锁只能由专业制造厂商进行调整与检修，且调整或检修后须经专业检测设备进行检测与标定，合格的方可继续使用。

二、手动滑降装置的测试与调整方法

1. 测试准备

（1）将空载状态的悬吊平台上升至离开地面 3～5m 处停住；

（2）取出提升机手柄拨杆；

（3）将手柄拨杆旋（或插）入电动机风罩内的拨叉孔内。

2. 测试滑降速度

（1）由两名操作人员分别站在悬吊平台两端；同时向上抬起手柄拨杆（图7-4）。

（2）观察悬吊平台滑降情况。

（3）平台应能平稳滑降，且滑降速度应不小于 20% 的提升机额定升降速度。

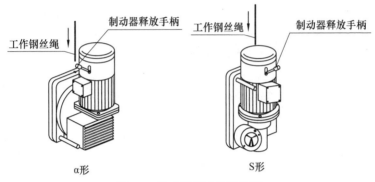

工作钢丝绳　　　制动器释放手柄　　　工作钢丝绳　　　制动器释放手柄

α形　　　　　　　　　　　　　S形

图 7-4　手动滑降操作示意图

（4）将额定荷载状态的悬吊平台上升至离开地面 3 ～ 5m 处停住。

（5）重复步骤（1）和（2）。

（6）滑降速度应不大于 30m/min。

3. **滑降速度的调整**

下降制动装置的制动力矩的大小，决定了提升机的滑降速度。而制动力矩的大小，又取决于小拉簧的拉力。小拉簧的拉力越大，离心块越难以被离心力甩出，制动力矩就小，下降速度就大；反之，小弹簧的拉力越小，则下降速度随之降低。由此可见，通过调整小弹簧的拉力大小，可以调整滑降速度。按《高处作业吊篮》GB/T 19155—2017 规定，提升机的手动滑降速度应调整到略大于 1.2 倍的提升机额定升降速度为宜。

鉴于调整小弹簧的拉力大小的操作专业性很强，建议由专业厂商进行调整。

三、限位装置的调整方法

由于在施工现场使用的高处作业吊篮，绝大多数都是在地面或安全层面安装的，因此需要重点掌握上行程限位装置的安装与调试方法。

1. 上限位装置的安装（图 7-5）

图 7-5　上限位装置安装图

2. 限位开关的调整（图 7-6）

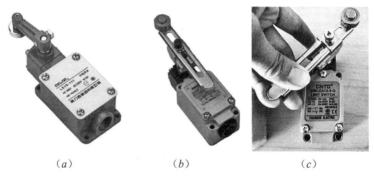

（a）　　　　　　　（b）　　　　　　　（c）

图 7-6　限位开关调整示意图

（a）固定杠杆臂型；（b）可调杠杆臂型；（c）杠杆臂调整示意图

（1）高处作业吊篮一般选用摆臂式限位开关（也称行程开关）。摆臂式行程开关通常分为固定杠杆臂型和可调杠杆臂型二种。

（2）对于固定杠杆型摆臂行程开关，只需调整摆臂倾斜角度即可。

（3）对于可调杠杆型摆臂行程开关，不仅需要调整摆臂倾斜角度，而且还需调整摆臂杠杆的伸出长度。

（4）调整的目的：使行程开关臂端的滚轮能够可靠、有效地触碰限位挡块。

（5）摆臂角度的调整方法：松开固定摆臂角度的螺母→拔出摆臂→转动摆臂至合适的角度→再插入摆臂→拧紧螺母。

（6）摆臂杠杆伸出长度的调整方法：松开固定摆臂杠杆伸出长度的螺母→调整摆臂外伸长度→拧紧螺母。

四、超载检测装置的调整方法

《高处作业吊篮》GB/T 19155—2017 规定，高处作业吊篮宜安装超载检测装置。超载检测装置应在达到提升机的 1.25 倍极限工作荷载时或之前触发。

超载检测装置的调整方法如下：

（1）将悬吊平台平稳落在坚实平整的地面上；

（2）在悬吊平台内均匀装载 2×110% 的提升机极限工作荷载；

（3）将万能转换开关旋转至中间位置（即 2 台提升机同时工作挡）；

（4）按上升按钮，平台应正常向上运行；

（5）在悬吊平台内再增加 2×15% 的提升机极限工作荷载；

（6）按上升按钮，平台应不能上升；

（7）若不能满足上述工况，应调整超载检测装置，使之符合规定。

第五节　高处作业吊篮使用过程的危险源辨识

一、人员的不安全因素存在的事故风险

1. 未经培训上岗操作存在的事故风险

作业人员未经过安全技术培训或未接受安全技术交底，存在

误操作、盲目操作或者违章操作的事故风险。

2. 作业前不进行班前检查存在的事故风险

高处作业吊篮在使用前，使用单位应组织使用人员对施工场地及待用设备进行全面检查，以确保使用安全。未经过严格班前检查，将存在原有安装状态被改变的潜在危险。

3. 违章操作引发安全事故的风险

安全操作规程是用鲜血甚至生命作代价总结出来的科学结晶。操作人员违反任何一项安全操作规程，都存在着直接引发施工安全事故的危险性。在使用高处作业吊篮时，不按规定设置安全绳，或安全绳的绳端固定不牢，存在着丧失最后一道安全保护措施的危险性；不系安全带或安全带的自锁器未正确扣牢在安全绳上，也存在丧失保全人员生命的危险性等。

二、来自施工现场环境因素的危险源

施工现场环境因素的危险源，主要来自高处作业吊篮与周边高压电或其他运行设备之间的距离、天气条件、垂直交叉作业等因素。

（1）高处作业吊篮与周边高压电之间的距离如果小于规定的安全距离，且无防护措施，则存在触电的危险性。

（2）高处作业吊篮与周边其他运行设备之间缺少足够的安全距离，存在着机械碰撞或剐蹭等危险。

（3）在作业区域下方未按规定设置警戒线或警示标志，存在坠物伤人的危险。

（4）多工种立体交叉作业，缺少有效隔离封闭措施，存在着坠物伤人的危险。

（5）在恶劣的天气或条件下作业，如遇雷雨、大风、冰雪等极端天气时，应该及时停止作业，否则存在发生意外事故的危险；在光线昏暗处进行高处作业吊篮作业，难以发现和避免潜在危险的发生；在超出标准规定的环境温度条件下进行施工作业，也容易因人员不适应而发生意外事故；在施工过程中突遇断电，若操作不当也极易引发事故；在高处作业吊篮运行通道内存在凸起障碍物，也有可能引发事故。

三、来自设备自身的危险源

如果对高处作业吊篮设备及其部件、配套件处置不当，也有可能成为影响施工安全的危险源。

（1）使用不合格的吊篮产品或非正规厂家生产的劣质吊篮，具有极大的潜在危险。

（2）安全锁是高处作业吊篮最重要的安全保护装置，超过标定期限的安全锁是一个重要的危险源。使用未经班前试验或被人为捆绑失效的安全锁，则存在丧失安全保障作用的危险性。

（3）钢丝绳是高处作业吊篮用于承载与导向的重要配套件也是高处作业吊篮使用过程的重要危险源。经对高处作业吊篮安全事故原因的分析统计，因钢丝绳破断所引发的高处作业吊篮事故占比高达三分之一以上。因此，必须认真对待，加强日常对钢丝绳的检查工作，发现超过报废标准的钢丝绳，应当及时予以更换，绝不能存在侥幸心理。

（4）制动器是使提升机制动停止的重要部件，其失效后将造成提升机打滑甚至坠落。为了防止引发事故，应由专业维修人员定期检查调整制动器的制动间隙及制动性能；高处作业吊篮操作者在每班首次操作悬吊平台上升时，应认真试验制动器的制动性能，发现制动器出现打滑迹象，必须及时请专业维修人员进行解决，故障未排除不得使用设备。

（5）手动滑降装置是《高处作业吊篮》GB/T 19155—2017规定必须设置的安全装置。其功能是在断电或发生故障时，能使悬吊平台平稳下降。如其失效会造成在紧急情况下，平台上的操作人员无法及时安全撤离，甚至因其无法有效控制滑降速度，将造成平台超速下滑或坠落。因此，需要高处作业吊篮操作工在每班首次操作悬吊平台上升到离地 2m 左右时，做一次手动滑降试验，以检验并确认其有效性，发现问题应及时排除。

（6）《高处作业吊篮》GB/T 19155—2017 规定，必须设置上行程限位装置和上极限限位装置，以防止因电气控制失灵或失效，造成悬吊平台发生冲顶的事故。目前，在施工现场存在着普遍不重视上限位装置的现象，限位开关损坏、缺失严重。在实际使用过程中，曾经发生过多起因上限位装置失效，引发平台冲顶的恶性事故发生，必须引以为戒。

（7）电器元件失效也是高处作业吊篮使用过程中的危险源之一。例如，按钮失灵或接触器触点粘连，造成平台运行无法停止；急停按钮失效，造成在紧急情况发生时无法及时切断电源；热继电器失效，造成电动机过热烧毁；漏电保护器失效，造成人员触电事故发生；相序保护器失效，造成行程限位装置全部失效等。应该加强对设备的检查、维护保养，及时发现并且排除故障隐患，才能有效杜绝或减少相关事故的发生。

第六节 常见故障与紧急情况处置方法

一、高处作业吊篮常见故障的原因与处置方法

任何设备在使用过程中都会出现故障。高处作业吊篮也不例外，在使用中也会出现一些故障，但是发现故障必须及时分析原因并且进行排除及处置。

高处作业吊篮常见故障的原因分析及排除方法见表7-2。

常见故障原因分析及排除方法 表 7-2

故障现象	原因	排除方法
合闸后电源指示灯不亮	电源未接通	逐级排查电源
	漏电保护器脱扣或损坏	查明原因排除后复位或更换
	熔断器熔断	查明原因，排除短路后更换熔丝
	空气开关损坏	更换
	变压器损坏	更换
	指示灯泡损坏	更换

故障现象	原因	排除方法
工作时总线路跳闸	电控箱的上级配电箱采用三相漏电保护器	改为四相漏电保护器
接通电源后电动机不转	相序继电器或热继电器动作未复位或损坏	查明动作原因后复位或更换
	急停按钮未复位或损坏	复位或更换
	熔断器熔断	查明原因，排除短路后更换熔丝
	启动按钮损坏	更换
	接触器失效或损坏	修复或更换
	电动机或接线问题	排除或更换
提升机不动作或电动机发热、冒烟	线路缺相	用兆欧表检查与修复
	制动器间隙过小	调整制动器间隙
	制动器线圈烧坏	更换制动器线圈
	整流模块损坏	更换整流模块
	热继电器失效	调整或更换热继电器
提升机带不动悬吊平台	电源电压过低	解决供电电源
	电缆线过细或过长	解决电缆电阻过大问题
	电动机启动力矩过小	更换电动机
	制动器间隙小或未打开	调整制动器或接近正常吸合
	压绳机构杠杆变形	矫正压绳机构杠杆或更换
电动机只响不转	电源缺相	解决电源问题
	电动机内部断相	更换电动机
	提升机内部卡住	解体排除
下行正常，无法上升	上升按钮失效	修复或更换失效的元件
	上行程限位开关失效	
	上行接触器失效	

故障现象	原因	排除方法
上升正常，无法下行	下降按钮失效	修复或更换失效的元件
	下行接触器失效	
提升机或电机异常杂音	提升机内零部件受损	更换损坏零部件
	电动机轴承损坏	
提升机过热	长时间满载或超载运行	降低荷载或避免长时间运行
	润滑不良或缺少油	补充或更换润滑油
松开按钮无法停机	按钮被卡住	按下"急停"按钮断电停机，断电后更换按钮或接触器
	接触器主触点粘连	
断电后提升机下滑	制动器制动间隙过大	调整电磁制动器间隙，合理间隙应为 0.6～0.8mm
	制动器磨损过度	更换电磁制动器或摩擦盘
	钢丝绳表面沾油	清除油污
	绳轮槽磨损过度	更换绳轮
	压绳弹簧过松或损坏	调整或更换弹簧
悬吊平台异常倾斜	平台内荷载不均	调整平台内荷载
	两台提升机同步性差	更换并选配同步性好的
行程限位不起作用	电源相序错误	检查相序继电器
	未能触碰限位止挡	调整行程开关与止挡相互位置
	限位开关失效	更换限位开关
工作钢丝绳不能穿入提升机或异常磨损	钢丝绳端焊接质量差	磨光钢丝绳端头焊接部位或重新制作端头
	支承组件或压绳机构损坏	更换支承组件、导绳轮或压绳机构
工作钢丝绳卡绳	钢丝绳松股或存在缺陷	清理或更换钢丝绳
	钢丝绳绕绳通道受阻	清理绕绳通道或更换损坏零件

故障现象	原因	排除方法
离心式安全锁不动作	离心甩块拉簧过紧	调整更换拉簧，并重新标定
	测速轮弹簧压力不够	更换测速轮弹簧，并重新标定
	锁内异物堆积过度	清除异物，并重新标定
安全锁锁绳时打滑或锁绳角度偏大	安全钢丝绳上有油污	清除钢丝绳上油污
	绳夹磨损过度	更换绳夹
	安全锁动作迟缓	更换安全锁扭簧
	两套悬挂装置间距过大	调整悬挂装置间距

二、高处作业吊篮紧急情况下的应急处置方法

施工过程中会遇到一些突发情况，此时作业人员必须要保持镇静，切忌惊慌失措，应采取合理有效的应急措施，果断排除险情，避免造成生命和财产损失。

1. 施工中突然断电的应急处置

在施工中突然断电时，应立即关闭电控箱的电源总开关，切断电源，防止突然来电时发生意外。然后与地面或附近有关人员联络，判明断电原因，决定是否返回地面。若短时间停电，待接到来电通知后，合上电源总开关，经检查正常后再开始工作。若长时间停电或因本设备故障断电，应及时采取手动方式使悬吊平台平稳滑降至地面或建（构）筑物的固定平台上。

此时严禁贸然跨过悬吊平台护栏钻入附近窗口离开悬吊平台，以防不慎坠落造成人身伤害。

当确认手动滑降装置失效时，应与悬吊平台外的人员联络，在采取相应安全措施后，操作人员方可通过附近窗口、洞口或其他部位撤离。

2. 松开升／降按钮后，不能停止上／下运行的应急处置

悬吊平台上升或下降按钮都是点动按钮，在正常情况下，按

住上升或下降按钮，悬吊平台向上或向下运行，松开按钮便停止运行。当出现松开按钮，但无法停止悬吊平台运行时，应立即按下电控箱上的红色急停按钮，或者立即关闭电源总开关，切断电源，使悬吊平台紧急停止。然后采用手动滑降使悬吊平台平稳落地。由专业维修人员在地面排除故障后，再继续进行作业。

3. 在上升或下降过程中悬吊平台倾斜角度过大的应急处置

当悬吊平台倾斜角度过大时，应及时停机，将电控箱上的转换开关扳至悬吊平台低端提升机运行挡，然后按上升按钮直至悬吊平台接近水平状态为止，再将转换开关扳回两端同时运行挡，照常进行作业。

如果在上升或下降的单项向全程运行中，悬吊平台需频繁进行上述调整时，应及时将悬吊平台降至地面，检查并调整两端提升电动机的电磁制动器间隙，使之符合产品使用说明书的要求，然后再检测两端提升机的同步性能，若差异仍过大，应更换电动机，选择一对同步性能较好的电动机配对使用。

使用防倾式安全锁的高处作业吊篮，在下降过程中出现低端安全锁经常锁绳时，也可采用上述方法。当悬吊平台调平后，便可自动解除安全锁的锁绳状态。

4. 工作钢丝绳卡在提升机内的应急处置

钢丝绳松股、局部凸起变形或粘结涂料、水泥、胶状物时，均会造成钢丝绳卡在提升机内的严重故障。此时应立即停机，严禁用反复升、降操作来强行排除险情。因为这不但排除不了险情，而且轻则造成提升机损坏，重则切断机内钢丝绳，造成悬吊平台一端坠落，甚至机毁人亡。

发生卡绳故障时，机内人员应保持冷静，在确保安全的前提下撤离悬吊平台，并安排经过专业培训的维修人员进入悬吊平台进行维修。

维修时，首先将故障端的安全钢丝绳缠绕在悬吊平台安装架上，将悬吊平台可靠地固定住，或者，用钢丝绳夹夹紧在安全锁的出绳口处，使安全钢丝绳承受此端悬吊荷载。然后在悬挂装置相应位置重新安装一根钢丝绳，在此钢丝绳上安装一台完好的提升机并升至悬吊平台处，置换故障提升机。再将该端悬吊平台提升 0.5m 左右停止不动，取下安全钢丝绳的绳夹，使其恢复到悬垂状态。然后将悬吊平台降至地面。将提升机解体，取出卡在内部的钢丝绳。最后对提升机进行全面严格的检查和修复，受损零部件必须更换，不得勉强继续使用，以免埋下事故隐患。

5. 一端工作钢丝绳破断、安全锁锁住安全绳的应急处置

当一端工作钢丝绳破断，安全锁锁住安全钢丝绳时，可采用上一条所述方法排除险情。但要特别注意，动作要轻、要平稳，避免安全锁受到过大冲击和干扰。

6. 一端悬挂装置失效，悬吊平台单点悬挂而直立的应急处置

由于一端工作钢丝绳破断，同侧安全锁又失灵或者一侧悬挂装置失去作用，造成一端悬挂失效，仅剩一端悬挂，致使悬吊平台倾翻甚至直立时，作业人员切莫惊慌失措。有安全带挂住的人员应攀到悬吊平台便于蹬踏之处，无安全带的人员，更要紧紧抓牢悬吊平台上一切可抓的部位，然后攀至较有利的位置。此时所有人员都应注意：动作不可过猛，尽量保存体力，等待救援。

救援人员应根据现场情况尽快采取最有效的应急方法，紧张而有序地进行施救。如果附近另有高处作业吊篮，应尽快将其移至离事故吊篮最近的位置，在确认新装高处作业吊篮安装无误、运转正常后（避免忙中出错，造成连带事故），迅速提升悬吊平台到达事故位置，先营救作业人员，然后再排除设备险情。

第八章　高处作业吊篮的维护与保养

第一节　维护与保养的作用及基本方法

维护与保养工作的质量与水平，对保证吊篮经常处于良好技术状况、安全、高效地进行作业，具有决定性的作用。一台性能质量再好的设备，也不可能保证百分之百的不出任何故障。只有通过全面、周到、科学、严格的维护与修理才能尽早发现和排除故障隐患，减少事故发生的频率，恢复设备精度与功能，延长设备的使用寿命。因此正确的维护与保养对设备使用的安全性和经济性都具有十分重要的意义。

一、维护保养的目的及基本方法

1. 维护保养的目的

（1）保证吊篮经常处于良好技术状态。

（2）减少故障，最大限度降低设备故障停机时间。

（3）降低零部件磨损，延长设备使用寿命。

（4）减少摩擦，提高机械效率。

（5）消除隐患，确保设备安全正常运行。

2. 维护保养的基本方法

保养工作的基础在日常保养。

日常保养基本方法叮用十个字来概括，即：润滑、紧固、调整、清洁、防腐"十字作业法"。

二、润滑的基本知识

1. 润滑的机理

在摩擦表面之间建立一层油膜，将摩擦面隔离，变摩擦面的固体摩擦为液体摩擦，减少摩擦阻力和零件表面物质的破坏。

2. 润滑剂的作用

控制摩擦、减少磨损、降低温度、带走磨屑、形成密封、防止锈蚀。简而言之润滑剂的作用即：润滑、冷却、清洁、密封、防腐五大作用。

3. 润滑剂的分类

润滑剂分为润滑油和润滑脂和固体润滑剂。

4. 润滑油分类

润滑油按用途分为机械油、齿轮油、蜗轮蜗杆油、汽油机油、柴油机油、航空机械油等。吊篮提升机内一般采用齿轮油或蜗轮蜗杆油润滑。

5. 润滑油黏度

低速大负载处采用高黏度，高速小负载处采用低黏度润滑油。吊篮提升机内采用中等黏度润滑油。黏度的选择与工作温度和使用季度相关。夏季或温度较高处采用较高黏度；反之采用较低黏度。

6. 润滑脂分类

润滑脂分钙基脂、钠基脂、锂基脂和复合润滑脂等。

（1）钙基脂：耐水性好，但耐热性差。按其针入度分为五种牌号。

1号和2号工作温度 ≤ 55℃；3号和4号工作温度 ≤ 60℃；5号工作温度 ≤ 65℃。吊篮外露部分采用钙基脂润滑。

（2）钠基脂：耐高温，但耐水性差。工作温度可达120℃左右。吊篮提升机内部采用钠基脂润滑。

（3）锂基脂：耐热性和耐水性均好，但价格较高。吊篮任何部位均可采用。

（4）复合润滑脂：性能优于单基润滑脂。

7. 固体润滑剂

石墨和二硫化钼润滑剂属于固体润滑剂，具有较大抗压能力，适用于难于润滑的部分。

8. 润滑工作的四个要点

按规定的时间、部位、用量和润滑剂类型进行润滑，才能获得最佳润滑效果。即所谓定时、定量、定位、定润滑剂的四定。

三、维修的目的及作用

（1）采用更换零部件或对原有零部件通过再加工等手段进行修理。

（2）恢复机件原有精度。

（3）恢复设备原有性能。

（4）延长设备使用寿命。

第二节　高处作业吊篮的日常维护与保养

一、提升机和安全锁的日常维保

（1）及时清除表面污物，避免进、出绳口混入杂物，损伤机内零件。

（2）按产品说明书规定的类型、牌号的润滑剂对规定的部位进行有效润滑。

（3）作业前进行空载试运行，检查有无异常情况。

（4）在运行中发现异响、异味或异常高温，立即停机检修。

（5）作业后进行妥善遮盖，避免雨水、杂物等侵入机体。

（6）在拆装、运输和使用中避免发生碰撞损伤机壳。

（7）每班使用后，应将悬吊平台降至地面，放松工作钢丝绳，使安全锁摆臂处于松弛状态。

二、悬挂装置和悬吊平台等结构件的日常维保

（1）作业前检查并且紧固销轴和螺栓等紧固件；检查构件变形、裂纹及局部损伤是否超标。

（2）作业后及时清理表面污物，在清理时要注意保护表面漆层。

（3）发现漆层被破坏，应及时补漆，避免锈蚀。

（4）在拆装和运输中，应轻拿轻放，切忌野蛮操作。

（5）露天存放要做好防雨措施，避免雨水进入提升机、安全锁和电控箱。

三、钢丝绳的日常维保

（1）及时清除表面粘附的涂料、水泥、粘结剂或堵缝剂等污物。

（2）作业前检查钢丝绳表面断丝、磨损或局部缺陷是否达到报废标准。

（3）检查绳端固定情况。发现绳端固定接头附近出现疲劳破坏或硬伤时，应及时截断，并重新按规定进行绳端固定。

（4）发现断丝应及时将其插入绳芯部，并且作好记录。当断丝达标时，应立即更换钢丝绳。

四、电气系统的日常维保

（1）电控箱内要保持清洁无杂物。

（2）作业前检查接头、插头有无松动现象。

（3）作业中避免电控箱、限位开关和电缆线受外力冲击。

（4）遇电气故障应及时排除。

（5）作业完毕，及时拉闸断电，锁好电控箱门，并且妥善遮盖电控箱。

第三节 高处作业吊篮的维护与保养制度

一、一级保养（日常保养）

一级保养通常也称为日常保养。

日常保养由高处作业吊篮操作工执行。

日常保养的重点工作是清洁和检查。

1. 日常清洁的内容

每班在作业前，应及时清除钢丝绳上附着或缠绕的污物；及时清除悬吊平台、提升机、安全锁、电控箱表面的涂料和污物。

2. 日常检查的内容

日常检查内容见表 8-1。

高处作业吊篮日常检查表 表 8-1

序号	检查部位	检查项目
1	悬挂装置	定位可靠，安装位置未移动
		配重无缺失、破损，固定正确
		销轴、紧固件齐全，连接可靠
2	钢丝绳	与悬挂装置连接牢固，绳端固定无松动
		无松股、毛刺、断丝、压痕、锈蚀
		无附着砂浆、涂料等杂物
		限位止挡及下端重锤齐全完好，无松动
3	悬吊平台	焊缝无开裂，销轴、螺栓紧固，结构件无变形
		底板、挡板和护栏牢固，无破损
4	提升机	油量充足、润滑良好，无渗、漏现象
		与悬吊平台连接牢固
		手动滑降有效
5	安全锁	穿绳性能良好
		手动锁绳有效

序号	检查部位	检查项目
6	电气系统	接零可靠，漏电保护有效，作业人员穿防滑绝缘鞋
		通信正常
		电线、电缆无破损，有保护措施
7	安全带安全绳	无磨损、腐蚀、断裂
		金属配件完好
		连接符合要求
8	空载运行试验	操作按钮动作灵敏、正常
		上行程限位和上极限位有效
		提升机起动、制动正常，运行平稳
		安全锁手动锁绳正常
		整机无异响及其他异常情况

3. 日常检查的规定

（1）每班作业前，由操作人员按表 8-1 规定的内容逐项进行检查。

（2）检查中发现异常情况应及时解决；对需要专业人员修理的故障，应及时汇报主管领导，设备不得带病作业。

（3）检查后，由操作人员逐台如实填写"高处作业吊篮日常检查表"。

（4）填表后，由操作人员签字，并交主管领导审批签字后方可上机操作。

二、二级保养（定期检修）

二级保养也称定期检修。

定期检修应由专业维修人员进行。

1. 定期检修的内容

除日常检查内容外，定期检修的重点应按表 8-2 规定的内容进行检查。

序号	部位	检查项目
1	电气控制系统	电缆线无损伤
		电缆线固定良好
		各电器元件无破损、失灵
		继电器、接触器触点无烧蚀
		限位装置灵活、可靠完好
		操作按钮灵活、可靠完好
		绝缘、接地、接零电阻符合规定
2	悬挂装置	构件无变形、腐蚀
		焊缝无开裂
		销轴、紧固件无松动
3	钢丝绳	无断丝、断股、磨损
		绳端固定正确可靠
4	安全绳安全带	固定端及与墙角接触处应无磨损
		无断丝、断股、磨损
5	安全锁	转动部位润滑良好，适量注油
		弹簧复位力正常
		手柄动作灵活、正常
		滚轮转动灵活、无磨损
6	提升机	无渗、漏油
		进、出绳口磨损正常
		无异常噪声
		手动滑降性能良好
		制动良好、摩擦盘磨损正常
7	悬吊平台	构件无变形、腐蚀
		焊缝无开裂、裂纹
		销轴、紧固件无松动

2. 定期检修的规定

（1）定期检修期限

1）连续施工作业的高处作业吊篮，视作业频繁程度每1～2月应进行定期检修。

2）间歇施工作业的高处作业吊篮，累计运行300h应进行定期检修。

3）停用一个月以上的高处作业吊篮，在使用前应进行定期检修。

4）完成一工程项目，高处作业吊篮拆卸后，应进行定期检修。

（2）专业维修人员对检查中发现的问题，应逐条记录并制定维修方案，经主管领导批准后由专业维修人员进行维修保养。

（3）检修后，由专业维修人员逐台如实填写"高处作业吊篮定期检修检查表"。

（4）填表后，由专业检修人员签字，并交主管领导审批签字后，分类入库保管。

三、三级保养（定期大修）

三级保养也称定期大修。

定期大修期限为使用期满一年的，或累计工作300台班的，或累计工作满2000小时的高处作业吊篮。

定期大修应由专业厂家进行。

定期大修项目内容，除按定期检修项目进行检修外，重点项目如下：

1. 提升机和安全锁

（1）解体清洗，更换易损件。

（2）检测齿轮、蜗轮副、绳轮、箱体等关键主要件的轴／孔尺寸、磨损、变形和裂纹情况。

（3）修复可修复的零件，更换不可修复的零件。

（4）按产品使用说明书规定，加注或更换润滑剂。

（5）重新组装后，按产品出厂要求进行全面的性能检验和标定。

（6）检验合格后，由修理方开具设备大修合格证。

2. 悬挂装置和悬吊平台等结构件

（1）磨损、腐蚀超过标准规定的应更换。

（2）校正或补焊可修复的构件。

（3）无法修复的构件应更换。

（4）检验并修复后，应重新涂漆。

3. 电气控制系统

（1）修复、更换电气控制系统失效的电器元件。

（2）检查各电缆线绝缘层应无破损或老化，否则应更换。

（3）检查各电线接头的连接情况，必要时进行重新整理或接线。

4. 钢丝绳和安全绳

（1）逐段检查，对断丝、磨损、变形、松股等超标的应予以更换。

（2）检查绳头固定端，对变形严重的应去除受损段后重新固定。

第九章 高处作业吊篮事故案例分析

第一节 操作不当引发的吊篮事故

引发安全事故的具体原因多种多样各不相同，但其根本原因只有两条，即人的不安全行为和设备的不安全因素。

高处作业吊篮操作具有高处作业和设备操作的双重危险性，操作人员必须经过安全技术培训方可上岗操作，在使用前必须进行设备检查，这是最基本的安全技术要求。但是在施工现场却往往被忽视，其结果必然会引发安全事故。

一、未经安全技术培训进行操作引发事故

作业人员未经过安全技术培训或未接受安全技术交底，存在误操作、盲目操作或违章操作的危险。

1. 事故案例 1

2003 年 7 月 14 日，在华中地区某施工现场，操作工黄某、廖某无证操作吊篮进行施工。当悬吊平台升至八层楼时，竟然停不住车。二人惊慌失措，致使平台失控冲向顶部，拉断钢丝绳，平台发生坠落。两人从 30 多米的高空坠到地面，当场死亡。

事故原因：未经安全技术培训，不懂应急操作，在平台上升失控的情况下，操作工若能及时按下急停按钮或关闭总电源开关，即可避免事故发生。

2. 事故案例 2

2008 年 3 月 23 日，在某市紫峰大厦工地，不满 18 周岁的民工邓某在安装时，不慎从 17 层坠落至八层楼面，当场死亡。

事故原因：在操作吊篮前，邓某未经安全教育培训，不懂操

作要领，操作时未系安全带。

3. 事故案例 3

2011 年 11 月在华东某地施工现场，一名进城不足 10 天的农民工独自一人操作吊篮给幕墙打胶作业，当钢丝绳在提升机内被卡住时，由于未经过任何安全技术培训，不懂操作要领，反复上下按动按钮，企图解脱故障状态，但事与愿违，钢丝绳被拉断，悬吊平台突然向一侧大角度倾斜，该民工倒在平台底板上并滑出平台端部坠地身亡。

事故原因：

（1）未经培训，不懂反复按动上升下降按钮，会拉断卡在提升机内钢丝绳的基本常识；

（2）钢丝绳卡在提升机内，应请专业维修人员进行故障排除。

二、不进行班前检查造成事故发生

高处作业吊篮在使用前，使用单位应组织使用人员对施工场地及待用设备进行全面检查，以确保使用安全。未经过严格班前检查，将存在原有安装状态被改变的潜在危险。

1. 事故案例 1

2003 年 6 月 16 日，某地施工现场，在使用吊篮更换一块中空玻璃时，一侧悬挂装置翻出楼顶，致使三人从 60m 高处坠落当场全部死亡。

事故原因：

（1）吊篮悬挂装置上原有的 32 块配重被人搬动，挪作他用，只剩下 4 块；

（2）作业人员未按安全操作规程进行班前检查，没能及时发现危险的存在，丧失了排除隐患、避免事故发生的机会。

2. 事故案例 2

2004 年 10 月 9 日，东南沿海地区某酒店工地，正在施工中的悬吊平台突然大幅度倾斜，一人抱住平台护栏被救上了楼顶，受到轻伤；另一人从高空坠地不幸身亡（图9-1）。

事故原因：

（1）一侧悬挂装置后支座立柱上的两条连接螺栓不翼而飞；

（2）操作前未作检查，未发现隐患；

（3）当二人将平台升到十余米高处时，一侧悬挂装置被拔出，造成平台倾斜；

（4）二人未系安全带，一人坠地身亡。

图9-1　事故现场实况（一）

三、缺乏操作常识促成事故发生

1. 事故案例1

2008年4月10日，华东地区某工地，民工叶某操作高处作业吊篮到四楼粉刷内墙。当悬吊平台升到四楼时，开关失灵，不能停机，平台继续上升。升到五楼时，叶某慌了，想赶快离开悬吊平台。于是急忙向五楼的楼板跳去。由于雨天楼板湿滑，叶某当即摔了下来，不幸头先着地，没戴安全帽的叶某当即不省人事，受重伤。

事故原因：

（1）电控系统的上升接触器触点粘连，致使电动机无法断电；

（2）叶某缺乏应急操作常识（此时只需按下急停按钮，切断总控制电源即可停机），选择了在空中逃离悬吊平台的错误做法；

（3）叶某高空作业未戴安全帽也属违章行为。

2. 事故案例2

2011年9月19日，西南某市一在建楼盘工地，女工谭某和另外几名工人，在23楼外侧的悬吊平台上对外墙涂装水泥砂浆。在作业过程中，一名工人递过来一只装满水泥砂浆的塑料桶。谭某失手没能接住，塑料桶向地面落下。此时谭某想一把抓住塑料桶，不料失去重心翻出平台，飞坠地面身亡。

事故原因：

（1）高处作业应协调一致、配合密切。一时的配合失误，造成事故发生；

（2）谭某违反高处作业应系安全带的安全操作规程，同时违反了高处作业吊篮操作人员应使用安全绳的国家标准规定。

四、操作失误造成坠落伤亡事故

1. 事故案例1

2004年7月22日在华北地区某地学生公寓施工现场，使用高处作业吊篮对外墙面刮抹涂料时，因工人操作失误造成悬吊平台失去平衡，致使平台上的两名作业人员从四楼坠下，造成一死一伤。

2. 事故案例2

2007年7月19日在华北地区某市光彩体育馆对面一工地内，一名工人在一栋在建大楼安装高处作业吊篮时，因操作失误从十多米高的悬吊平台上坠地身亡。

3. 事故案例3

2002年5月13日在某市凤林绿州小区，某施工单位在租赁公司技术指导下，安排两名工人拆卸位于33层楼顶的高处作业吊篮。一名工人站在女儿墙外拆卸前支架，当前支架与横梁的连接螺栓被拆卸掉后，该工人同前支架一起从33层掉到地面，当场死亡。

事故原因：

（1）上述事故都是因操作不当所引发的事故；

（2）都未按高处作业安全操作规程系上安全带。

第二节　违章操作引发的吊篮事故

安全操作规程是用鲜血甚至生命作代价总结出来的科学结

晶。操作人员违反任何一项安全操作规程，都存在着直接引发施工安全事故的危险性。

一、超载作业引发的事故

1. 事故案例 1

1998 年 9 月 25 日在华北地区某施工现场，某装饰公司安排二名工人使用 ZLP 350 型高处作业吊篮从一层往六层运送花岗岩石板。当载有五块石板的悬吊平台上升到第三层时，一侧钢丝绳突然破断，致使悬吊平台一端坠落，平台中的两名工人，一人系了安全带受轻伤，另一人未系安全带摔到地面受重伤。

事故原因：

（1）主要是超载，悬吊平台载有五块石板和两名操作工人，总重量达到 500kg，超过额定载重量达 40% 以上。

（2）其次是使用磨损超标的钢丝绳未及时更换，从而引发断绳事故。

2. 事故案例 2

2000 年 8 月 13 日在某市高教小区三号楼施工现场，一台吊篮悬挂装置的两根前梁与中梁在连接处折断，悬吊平台从高约 15m 高处坠落到三层楼顶板上，造成一人死亡，三人重伤（图 9-2）。

图 9-2 事故现场实况（二）

事故原因：

（1）采用 ZLP 500 型悬挂装置，擅自混装另一企业制造的 ZLP800 型吊篮，为超载使用埋下隐患；

（2）未安装悬挂装置前支架，为横梁因扭转而失稳埋下隐患；

（3）悬挂装置吊点间距与平台吊点间距之差高达 0.65m，为横梁发生扭转提供了横向干扰力；

（4）作业时严重超载，为横梁失稳折断提供了动力。

二、精神不集中造成的事故

1. 事故案例 1

1998 年 8 月在华北地区某显像管厂施工现场，两名工人背向作业面，边聊天边操作悬吊平台上升。当平台升至第七层时，被突出墙面的阳台挂住，操作人员却毫无知觉，继续操作平台上升，在提升机的牵引下，屋顶的悬挂装置被拽了下来，造成机毁人亡的恶性事故。

事故原因：操作人员违反"在操作高处作业吊篮时必须精神集中"的安全操作规程。

2. 事故案例 2

2011 年 11 月 24 日，某市一施工现场，当作业人员周某操作高处作业吊篮由地面上升至 12 层楼时，悬吊平台刮在墙面外檐处，钢丝绳被拉断，平台坠落。系着安全带的周某，被未系安全带的赵某抱住。由于周某的安全带并没有扣牢在安全绳上，致使二人一同坠地身亡。

事故原因：

（1）升降操作时精神不集中；

（2）未认真做好安全防护。

三、违章进出悬吊平台造成高处坠落事故

1. 事故案例 1

2001 年 1 月 11 日，华北某工地，一名工人由 11 层窗口爬

进悬吊平台时，不慎坠地身亡。

2. 事故案例 2

2005 年 3 月 21 日，华北某金融街工地，工人张某在悬吊平台内进行打孔作业后，想直接从悬吊平台跨进五楼窗口，不慎坠落到地面，经抢救无效死亡。

3. 事故案例 3

2005 年 11 月 4 日，某外墙施工现场，作业人员张某在位于12 层楼的悬吊平台上使用砂纸打磨外墙面。上午八点左右，张某违章从平台向 12 层的阳台跨越，不慎坠落至 5 层露台死亡。

4. 事故案例 4

2007 年 8 月 25 日，某市江山大厦，一名承包外墙装饰工程的工头胡某，不听工人再三劝阻，执意从高处爬出悬吊平台。当胡某试图手扶吊篮安全绳爬进大楼二层时，从 6m 高处坠落到地面，造成严重骨折。

在上述事故案例中，坠地伤亡者全部违反了"操作人员必须从地面进出悬吊平台。在未采取安全保护措施的情况下，禁止从窗口、楼顶等其他位置进出悬吊平台"的安全操作规程。

四、人为使安全锁失效导致平台坠落事故

1. 事故案例 1

2005 年 10 月 12 日，东北某市北站附近一在建大厦工地，某幕墙公司的五名工人正在安装大型玻璃。一侧钢丝绳突然破断，悬吊平台一端倾斜，三人从平台中被甩出，由大厦 27 ~ 28 层高处坠地身亡，另二人悬吊在平台内被救出（图 9-3）。

事故原因：

（1）工作钢丝绳早已超过报废标准，其局部已严重变形，导致被提升机挤断；

（2）最致命的是，安全锁被人为捆住，在关键时刻丧失安全保护作用；

（3）操作工未系安全带，未使用安全绳。

图 9-3　事故现场实况（三）

2. 事故案例 2

2011 年 8 月 17 日在某市一工地上，因悬吊平台向一侧倾斜，致使两名工人从平台中坠落，造成一死，一重伤。

事故原因：平台发生倾斜时，由于安全锁的摆臂被人用焊条固定住了，而失去防坠保护功能，引发了人员坠落伤亡的事故。

五、歪拉斜拽致使平台坠落事故

1. 事故案例 1

2002 年 10 月 17 日在华东地区某大厦幕墙工程施工现场，安装幕墙玻璃时，由于悬吊平台的位置距玻璃的安装中心位置的水平距离还差 3m 左右。施工人员采用斜拉悬吊平台的方式强行安装，导致平台坠落，三名作业人员全部坠地死亡。

事故原因：

（1）歪拉斜拽造成悬挂装置猛烈晃动；

（2）配重未进行有效固定被甩掉，致使悬挂装置整体翻出屋顶。

2. 事故案例 2

2008 年 10 月，华北某市华贸中心大厦，施工人员在吊船上进行外墙灯箱广告的更换工作，在距地面 160 多米的高度作业时，采用手拉葫芦进行横向拉拽，造成吊船突然坠落，三名工人当场全部死亡（图 9-4）。

事故原因：在使用中歪拉斜拽，造成悬挂装置被拔翻出屋顶。

图 9-4　外拉斜拽引发事故

第三节　违规安装埋下隐患引发的吊篮事故

由于施工现场，安装和拆卸吊篮具有较大的施工难度及风险。零部件杂，安装环节多，立体交叉作业，作业环境差。对吊篮安装企业的现场管理和安装拆卸人员的专业素质要求很高。吊篮安装质量是保障施工安全的重要环节，每一个细微的疏漏，都有可能留下事故隐患，会给吊篮使用者带来致命的伤害。

一、违规安装造成的事故

1. 事故案例 1

2007 年 11 月，华北某商城南侧，一台正在 30 多米高空施工的高处作业吊篮，一侧悬挂装置前梁突然弯曲，致使悬吊平台严重倾斜（图 9-5）。在平台上作业的四名工人因系有安全绳，才没有发生意外。事发 40min 后，救援人员才将四名工人营救出吊篮。

事故原因：

（1）由于该建筑物外部结构不规则，在安装时，悬挂装置横梁的外伸长度超过产品使用说明书规定的极限尺寸；

（2）超标安装造成横梁强度不足，满载运行时横梁突然发生弯曲，险些酿成大祸。

图 9-5 超标安装险酿伤亡

2. 事故案例 2

2011 年 9 月 18 日在华北某县麻纺厂，一台悬挂装置直接安装在斜坡屋顶上高处作业吊篮从高空坠落，造成三名正在进行粉刷作业的工人坠地，结果二死一伤。

事故原因：

（1）悬挂装置安装在倾斜的屋顶之上，未采取任何防止其滑动的安全措施；

（2）配重未进行有效固定；

（3）悬挂装置吊点间距与平台悬吊间距相差过大；

（4）未按规定安装上行程限位挡块；

（5）特制悬挂装置的安装既无专项施工方案，又无专家论证把关；

（6）当悬吊平台超高运行至悬挂点附近时，在吊点间距离差的作用下，钢丝绳对悬挂装置产生很大的水平分力，导致配重脱落，引发悬挂装置整体倾覆。

3. 事故案例 3

2000 年 11 月 13 日，华北某住宅小区，在进行外墙粉刷作业的一台高处作业吊篮上，三名操作工在 10 层楼高处进行外墙粉刷作业。

由于左侧有一片盲区无法正常粉刷，于是两名操作工采用"荡秋千"的方式晃动悬吊平台，由另一名操作工进行粉刷。在平台剧烈晃动下，架设在女儿墙外侧挑檐处的一组悬挂装置的前支座发生侧翻，带动横梁甩开放置在后支座上的配重铁。失去配重平衡的悬挂装置当即翻出女儿墙，致使悬吊平台倾翻，并且带动另一侧悬挂装置一同坠落到一层裙楼顶部（图9-6），另一组悬挂装置则翻落到楼前小花园中，造成在平台上作业的三名操作工一人死亡，二人重伤。

图9-6　悬吊平台坠落在裙楼顶部

事故原因：

（1）安装时，将悬挂装置的前支座安装在女儿墙外的挑檐外侧，未采取任何加固、稳定措施，为前支座翻倒埋下隐患。

（2）前支座超过极限高度勉强安装，增加了悬挂装置的不稳定性。

（3）悬挂装置的横梁与前支座连接处的四条螺栓，只安装了两条，降低了悬挂装置的整体连接强度。

（4）配重未与后支座进行连接，为悬挂装置翻出女儿墙埋下隐患。

（5）操作人员在悬吊平台上采用"荡秋千"的方式违章操作，使悬吊平台横向晃动，为事故点燃了导火索。

（6）在平台横向扰动力的作用下，处于非稳定状态的前支座首先翻倒，然后带动横梁和后支座移位；在甩掉未固定的配重之后，悬挂装置翻出女儿墙坠落，完成了事故的全过程。

二、安装施工时埋下隐患的安全事故

1. 事故案例 1

2000 年 6 月 18 日，某市西客站综合楼，一台新安装的吊篮，在三名工人操作悬吊平台升至约 20m 高处时，一侧悬挂装置翻出，引发悬吊平台坠落，砸在裙楼的冷却塔上，造成二死一重伤（图 9-7）。

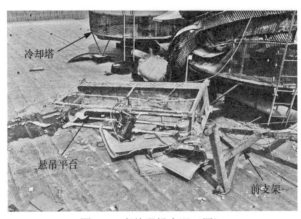

图 9-7　事故现场实况（四）

事故原因：

（1）安装时，忘记在悬挂装置后支架的上、下两部分之间，穿入连接销轴；

（2）安装后，未经过检查验收；

（3）使用时，悬挂装置上部被拔出，在冲击作用下，悬吊平台另一侧安装架被撕断，致使平台整体坠落。

2. 事故案例 2

2004 年 9 月 11 日，某装饰公司在某地温州城建设工地施工。

三名工人正在进行外墙大理石干挂作业，高处作业吊篮一侧的提升钢丝绳突然从固定的绳夹内被"抽签"，造成悬吊平台倾斜坠地（图9-8），三名作业人员随平台一起坠地受伤。

在悬吊平台坠地时，楼内进行装修作业的瓦工娄某恰好从楼内出来，被平台砸中头部（没有戴安全帽），经抢救无效死亡。

图9-8　施工现场情况

事故原因：

（1）安装时，钢丝绳的绳夹未固定牢固，在使用过程中一侧工作钢丝绳从绳夹内被抽出，造成平台倾斜坠地；

（2）施工现场安全管理不到位，在吊篮作业下方未按垂直交叉作业的规定，设置安全防护措施；

（3）死者违反安全操作规程，施工作业时未戴安全帽。

3. 事故案例3

2008年10月5日，东北某工地，施工现场正在进行外墙瓷砖勾缝作业，施工人员吴某从9层窗口进入吊篮悬吊平台时，右侧固定钢丝绳的绳夹突然脱落，导致悬吊平台倾斜。吴某未系安全带，坠落地面当场死亡。

事故原因：

（1）在安装时，每根钢丝绳的绳端仅用两个绳夹，不符合当时国家标准要求至少使用三个绳夹固定钢丝绳的规定；

（2）安装后未经过检查验收便投入使用。

4. 事故案例 4

2011 年 5 月 20 日，某市深勘大厦外墙装修工程现场（图 9-9），一台吊篮下降到 3 楼时，平台左侧突然下坠，三名工人掉到 2 楼的平台上，另外一名工人身上系有安全带，在半空中晃动几下后，站到 3 楼外墙边缘，随后自己解开安全带逃离。所幸坠落高度不高，四名工人不同程度受伤，但无生命危险。

图 9-9　钢丝绳长度不足造成平台一侧坠落

事故原因：

（1）安装时，左侧钢丝绳长度不足，未垂落到地面，造成该侧提升机因无绳缠绕而坠落；

（2）安装后未经检查验收，失去纠正安装隐患的机会。

5. 事故案例 5

2009 年 12 月 28 日，华北某市发生一起高处作业吊篮坠落事故，造成一人死亡。

事故原因：

（1）把安全钢丝绳与工作钢丝绳安装在同一悬挂点上，违反了国家标准规定；

（2）在悬挂钢丝绳的销轴端部未按规定穿入开口销；

（3）在使用过程中，未穿开口销的销轴脱落，同一悬挂点上的安全钢丝绳与工作钢丝绳同时坠落，安全锁无法实施保护作用。

三、配重安装问题造成的安全事故

1. 事故案例 1

2002 年 10 月 17 日，华东某幕墙工程施工现场，作业人员违章斜拉悬吊平台进行安装作业。巨大的水平扰动力，使悬挂装置产生晃动，致使配重脱落，引发悬挂装置和悬吊平台坠落，造成三名作业人员从 60 多米高处坠落身亡。

事故原因：

（1）在移位安装后，未将配重有效地固定在后支座上；

（2）违反"作业时不得歪拉斜拽"的安全操作规程，导致悬挂装置倾覆事故。

2. 事故案例 2

2012 年 5 月 21 日，某市一居民楼，小区物业雇来粉刷楼体的一高处作业吊篮从八层附近坠地，一名工人身亡，一住户空调室外机被砸毁（图 9-10），另一人被安全绳挂在楼外八层被救。

事故原因：

（1）安装单位无资质，安装人员无特种作业操作证书，属于无证安装；

（2）在安装时，配重不符合规定要求，且未进行有效固定；

图 9-10　空调外机被砸

（3）导致在使用过程中，悬吊平台和悬挂装置整体坠落。

3. 事故案例 3

2008 年 10 月 28 日，某地外墙保温施工现场，使用脚蹬式吊篮在 17 层处发生了倾翻。只有一人系了安全绳，其余没系安全绳的三名工人坠地身亡。

事故原因：采用普通砂袋（每组挑梁压四个砂袋）充当配重。砂袋经雨水淋湿后，再经暴晒，突然爆裂，导致一侧悬挂装置翻出屋顶，造成悬吊平台倾翻。

4. 事故案例 4

2011 年 4 月 19 日，西北某在建高层施工现场，二名施工人员使用高处作业吊篮，对 22 层外墙作保温及涂料施工作业时，悬吊平台倾覆导致事故发生。

事故原因：

（1）安装时，配重未与悬挂装置有效固定在一起；

（2）使用时，悬挂装置与配重发生了分离，导致悬吊平台倾覆。

5. 事故案例 5

2016 年 12 月，华中某县一工地六号楼外墙抹灰施工作业至18 层时，一台高处作业吊篮东侧的悬挂装置发生倾覆，造成三名作业人员坠落死亡。

现场勘查发现，东侧悬挂装置前梁外伸长度约为 2.2m，前后支座距离为 3.4m（经计算悬挂装置的抗倾覆系数仅有 1.184，远小于原标准规定的二倍，现标准规定的三倍）；横梁前端直接放在女儿墙顶部；横梁后端采用二个装有砂石的铁皮桶当做配重。施工作业时，悬吊平台内放置了两只盛砂浆的铁皮桶，处于超载状态；在平台上作业的三名操作工均未使用安全带。

事故原因：

（1）违反国家标准规定，采用散状物作为配重且无质量标记；

（2）配重未进行固定；

（3）悬挂装置前横梁直接放置在女儿墙上，未采取防止倾翻和滑移的措施；

（4）横梁外伸长度超出产品使用说明书规定进行安装，且抗倾覆系数远远小于国家标准规定；

（5）超载使用设备；

（6）作业人员未系安全带，未使用安全绳，多处严重违章造成事故发生。

6. 事故案例 6

2016 年 4 月 6 日，西北某市一老旧小区，两人操作高处作业吊篮下降。突然一声巨响，悬吊平台拖拽着悬挂装置及配重一同掉在小区的院子中间，砸断了一棵树、砸毁了健身器材。在悬吊平台上工作的两名工人也一同掉了下去，一人轻伤、一人重伤。

事故原因：

（1）设备破旧不堪，一些关键部位的螺丝也有松动；

（2）竟然用建筑垃圾和石块等作为配重，为事故发生埋下祸根；

（3）安全绳连在屋顶一处铁架上，并未固定牢靠；

（4）在平台下降过程中，配重散落，导致悬挂装置失去平衡翻出楼顶，造成平台倾翻。

第四节　施工现场管理问题引发的吊篮事故

一、设备带故障作业导致的安全事故

1. 事故案例 1

2005 年 8 月 10 日，华北某市一高层工地，项目施工员廖某上午违章指挥张某无证启动高处作业吊篮上 5 层擦洗马赛克墙面。在提升机钢丝绳被卡住后，张某强行打开提升机，使悬吊平台降到地面，进行了简单处理。下午廖某又违章指挥刘某等四人，再次开动该设备去 18 层运送钢管。结果，钢丝绳破断，造成平台内两人坠落地面，刘某死亡，崔某胸椎等多处粉碎性骨折。

事故原因：

（1）违章指挥无证人员使用高处作业吊篮进行作业；

（2）擅自处置故障设备；

（3）使用故障设备，导致已受损伤的钢丝绳被提升机挤断，造成事故；

（4）施工现场管理混乱，挂在墙上的规章制度形同虚设。

2. 事故案例2

2010年7月6日，西北某市美术学院高层家属楼施工工地，正在做外墙保温施工的高处作业吊篮一侧钢丝绳突然破断，导致悬吊平台上包括一对夫妻在内的三名作业工人坠落地面摔成重伤。

事故原因：

（1）在事故发生前两天，工人就发现设备西侧钢丝绳有异常声音，向工地负责人反映过两次，都未进行检修；

（2）结果发出异常声音的钢丝绳破断，造成事故；

（3）施工现场管理人员安全意识低下，不及时组织排除事故隐患，最终酿成事故，负有无可推卸的安全管理责任。

二、施工区域未设警戒线殃及无关人员的事故

1. 事故案例1

2003年5月18日，某大学中南分校，两个民工在距地面20m的高空进行墙面施工时，固定高处作业吊篮的悬挂装置突然脱落，两名民工当即摔了下来，其中一人当场死亡、一人受伤。而下落的平台又将路过此地的一名学校杂工砸成重伤。

2. 事故案例2

2005年3月13日，华南某市建设工地，正在8楼外墙施工的高处作业吊篮突然坠落，两名站在悬吊平台内的施工人员，一人坠地身亡，另一人被安全绳悬挂在空中，而坠落的平台又将一名正在地面搞绿化的工人当场砸死。

3. 事故案例3

2007年7月19日，华东某市体育中心在建工地内，两名工人正在高处作业吊篮上补装玻璃，突然悬挂平台的一侧钢丝绳破

断，两名工人当场从 6m 高处坠落，因为在设备施工下方未设警示措施，坠落的平台将正在下方作业的另外三名工人砸成重伤。

上述事故案例的共同特点是：违反了"必须在高处作业吊篮施工作业下方地面设置警示标志和警戒线"的安全规定，造成坠落的吊篮伤及他人。

三、触及高压线造成的严重事故

1. 事故案例 1

2006 年 5 月 27 日，某市首旅华远写字楼，某清洁公司工人从楼顶放钢丝绳准备安装吊篮清洗外墙玻璃。当钢丝绳从楼顶放下时被大风刮到 110kV 高压线路上，造成该线路跳闸。该事故造成附近变电站停电，影响了 57 个高压用户以及 6900 多户居民的正常用电。其中包括：大型豪华酒店等 21 个重点用户，直接经济损失巨大。

2. 事故案例 2

2009 年 11 月 18 日，华东某市雾晓大楼，外墙施工的高处作业吊篮在下降时，篮体发生晃动，触碰到 10kV 高压线，导致附近大片居民楼和办公楼停电，甚至影响到消防队等重点单位（图 9-11）。

图 9-11　事故现场实况（五）

3. 事故案例 3

2009 年 12 月 5 日，华南某市天景大厦，一名装修工人正在高处作业吊篮中进行墙体粉刷作业的时候，一阵大风刮过，不慎触及上万伏高压电线，操作工被当场电晕，所幸经紧急抢救挽回了生命。但这次事故造成大面积停电，约万余户市民受到影响。

事故原因：上述三例事故案例全部违反了《高处作业吊篮》GB/T 19155—2017 规定，安装时未与高压线保持 10m 以上安全距离，也未采取有效隔离措施。

四、未及时检查更换钢丝绳造成的安全事故

1. 事故案例 1

2002 年 10 月 17 日，华东某市新兴大厦工地，某建筑集团有限公司的三名施工人员操作高处吊篮安装玻璃。钢丝绳突然破断，悬吊平台从离地 30 多米的高处掉下，二人当场死亡，另一人经医院抢救无效死亡。平台坠地后被摔成几段，还将楼边的一辆金杯面包车砸扁。

2. 事故案例 2

2004 年 5 月 14 日，华中某市君临广场，由某工程有限公司施工的幕墙安装工程现场，发生一起因钢丝绳破断，致使高处作业吊篮倾覆的事故。三名工人从离地约 20m 的高空坠落，二人当场死亡，一人重伤。经现场勘查，承载悬吊平台的钢丝绳锈迹斑斑且多处破损，未及时进行检查与更换，以致发生断绳事故。

3. 事故案例 3

2005 年 10 月 19 日，华东某市百富勤大厦发生一起高空坠落事件。事故发生时，两位操作工正在大厦外立面 23 层进行设备维修，突然悬挂平台的钢丝绳破断，平台坠落，两位工人当场身亡。

4. 事故案例 4

2006 年 12 月 9 日，西南某省一大桥施工时，发生一起因钢丝绳绷断，导致高处作业吊篮坠落的事故，造成悬吊平台内三人死亡。

5. 事故案例5

2011年8月3日，华北某市一小区建筑工地内，两名操作工在刷外墙涂料时，吊篮钢丝绳破断，两人从19楼掉下，一死一伤。

6. 事故案例6

2011年12月22日，华东某县人民医院新建大楼，三名工人在外墙施工时，吊篮一端钢丝绳突然断开，悬吊平台坠落。三名工人从30m高的空中跌落，两人当场死亡，一人重伤。

在上述事故案例中，全部是因为钢丝绳破断，造成悬吊平台倾斜或坠落，从而引发的人员伤亡事故。钢丝绳既是高处作业吊篮的重要承载构件，又是需要经常检查、保养与更换的易损件。如果现场管理不到位，日常维保和检查不到位，达到报废标准的钢丝绳未能及时发现并更换，极易造成断绳事故。

五、不系安全带在平台坠落时造成伤亡事故

1. 事故案例1

2000年3月24日，东北某市航天大厦主楼，吊篮一侧钢丝绳突然破断，致使悬吊平台大角度倾斜，四名施工人员均未系安全带，高空坠落后三人死亡，一人重伤。

2. 事故案例2

2003年6月15日，东北某建筑工程机械厂在黄金广场工程施工中，二名作业人员操作高处作业吊篮在约10m高的外墙作业时没系安全带，在悬吊平台一侧钢丝绳脱落时，二人坠地身亡。

3. 事故案例3

2004年6月17日，某县金融大厦工地，钢丝绳破断致使吊篮悬吊平台倾覆，四名操作人员从63m高处坠落，当场全部死亡。四人均未按规定系安全带，也没戴安全帽。

4. 事故案例4

2004年7月29，西北某地天润大厦工地，高处作业吊篮一

端钢丝绳突然滑落，平台倾斜。一民工未系安全带，从九楼坠到了三楼平台上，经抢救无效死亡。

5. 事故案例5

2004年11月6日，西南某市玉带桥工地，高处作业吊篮一侧钢绳突然破断，致使悬吊平台一头栽下，当场一名工人从12层高处被抛出吊篮坠地身亡。另一工人抓住平台护栏，幸免于难。

6. 事故案例6

2005年10月19日，某大厦，两名工人正在23层外立面维修高处作业吊篮，突然一侧钢丝绳破断悬吊平台倾斜，两名工人坠地当场身亡。

7. 事故案例7

2007年12月24日，华北某市一在建高层建筑工地，悬吊在五楼外墙上的吊篮一侧的钢丝绳突然破断，悬吊平台倾斜（图9-12），站在悬吊平台内作业的工人周某随即从平台内坠落至地面不治而亡。

图9-12　施工现场实况（六）

8. 事故案例8

2007年1月17，西南某市一在建工地，正在作业的高处作业吊篮从20m高处突然坠地，平台内六名工人，除二人依靠安全绳下坠几米后挂在空中，事后翻阳台进入楼内之外，另外四名工人随平台一同坠地，二人死亡、二人重伤。

上述事故案例只是众多同类案例中的冰山一角，虽然引发事故的原因各不相同，但相同的是，都违反了高处作业"必须系安全带"的安全操作规程，违反了"应设置独立悬挂的安全绳"的吊篮标准规定，才导致高空坠落伤亡事故不断发生。

归纳数百起高处作业吊篮事故案例表明，在悬吊平台发生倾斜或坠落时，凡是系牢安全带的施工人员都能够保住生命；凡是正确使用安全绳的施工人员都能幸免于难。

六、因现场管理不善引发的其他安全事故

1. 事故案例1

2000年8月21日，某市高教小区施工现场，一台吊篮在悬吊平台升至离地约20m时，突然一侧悬挂装置的横梁被拔出，致使平台单侧悬挂，倾斜在空中。所幸3名工人死命抓住护栏，由大楼的第7层窗户爬进楼内逃生。

事故原因：

（1）安装人员违反拆卸程序，在拆卸吊篮时，既未事先切断电源，又未将钢丝绳从提升机和安全锁中退出，便先行将楼顶悬挂装置的连接螺栓松开了。

（2）在设备拆卸时既未设置相关标识，又未通知相关人员，致使地面上的3名不知情的工人贸然进入悬吊平台进行操作，造成一侧悬挂装置的横梁被拔出。

2. 事故案例2

2009年，东北某市一施工现场，多台高处作业吊篮同时施工。其中一台吊篮施工完毕，在进行移位安装时，安装人员张冠李戴，把相邻并排设置的吊篮的配重进行了拆除。而被误拆配重的吊篮在被不知情的人员使用时，发生了平台坠落事故。虽然坠落点距地面只有3～5m高，但其中一名坠落人员却被坠落的平台当场砸死。

事故原因：

（1）安装拆卸人员工作马虎，责任心差；

（2）交叉作业缺乏相互呼应；

（3）施工现场管理混乱，缺乏统一指挥调度。

3. 事故案例3

2013年6月3日，东北某港区储罐外壁从事焊接保温层固定架工作的项目经理周某，为节省开支自行组织无证工人进行安装高处作业吊篮，并且安排未经培训的3名工人上篮操作，在悬

吊平台上升到离地面约 15m 处时，钢丝绳断裂，致使平台坠落地面，造成 2 人死亡、1 人重伤。

事故原因：

（1）项目负责人违章指挥无证人员进行高处作业吊篮的安装作业；

（2）无证人员不懂安全操作规程和操作规定，违规将承重钢丝绳中间部位对接；

（3）在使用中，对接的钢丝绳在接头处相互切割造成断股，最终被割断发生事故。

附　　录

附录一：高处作业吊篮操作安装维修工培训考核大纲

随着我国现代化建设的飞速发展，一大批高处作业吊篮和施工升降平台等高空作业机械设备应运而生，逐步取代传统脚手架和吊绳坐板（俗称"蜘蛛人"）等落后的载人登高作业方式。高空作业机械设备的不断出现，不仅有效地提高了登高作业的工作效率、改善了操作环境条件、降低了工人劳动强度、提高了施工作业安全性，而且极大地发挥了节能减排的社会效益。

高空作业机械虽然相对于传统落后的登高作业方式大大提高了作业安全性，但是仍然属于危险性较大的高处作业范畴，同时具备机械设备操作的危险性。虽然高空作业机械按照技术标准与设计规范均设有全方位、多层次的安全保护装置，但是这些安全保护装置与安全防护措施必须在正确安装、操作、维护、修理和科学管理的前提下才能有效发挥其安全防护作用。因此，高空作业机械对于从业人员的理论水平、实际操作技能等综合素质提出了更高的要求。面对全国量大面广的高空作业机械的从业人员，尤其是大量刚刚进城转型的农民工，亟待进行系统的、专业的安全技术培训。

为了健康、有序、持久地开展高处作业吊篮作业人员的职业安全技术培训，有效提升高处作业吊篮从业人员的理论技术水平和安全质量素质，确保高处作业吊篮作业人员的施工安全，特制定本培训考核大纲。

一、培训考核对象

1. 凡直接从事高处作业吊篮安装、拆卸和维修作业的从业人员，均应按照本大纲规定的内容及要求参加培训考核。

2. 参加培训考核的人员应满足以下基本条件：

（1）年满 18 周岁，且不超过国家法定退休年龄；

（2）经社区或者县级以上医疗机构体检健康合格，并无妨碍从事相应高危作业的器质性心脏病、癫痫病、美尼尔氏症、眩晕症、癔症、震颤麻痹症、精神病、痴呆症以及其他疾病和生理缺陷；

（3）具有初中及以上文化程度；

（4）具备必要的安全技术知识与技能；

（5）符合高危作业规定的其他条件。

二、培训目标

通过培训使高处作业吊篮从业人员懂得本职业的性质与特点、应该具备的职业道德及基本安全知识，了解高处作业吊篮的基本构造及原理，学习领会高处作业吊篮的安装、拆卸和维修的安全技术要求、施工作业程序与要领、安全操作规程、危险防范和应急操作知识，熟练掌握高处作业吊篮实际操作方法和安全技术要领，全面提升安全技术技能和职业素质。

三、培训考核内容

1. 职业道德与施工安全基础知识

（1）职业道德规范

1）知道职业道德规范的基本内容；

2）熟知职业道德守则的具体内容。

（2）安全生产基本知识

1）熟知有关高危作业人员的管理制度；

2）熟知高处作业安全知识；

3）了解安全防护用品的作用及使用方法；

4）熟知安全标志基本知识；

5）了解施工现场消防知识；

6）了解现场急救知识；

7）熟知施工现场安全用电基本知识。

2. 专业技术理论

1）了解高处作业吊篮分类及特点；

2）熟知高处作业吊篮及各主要部件的性能与参数；

3）熟知高处作业吊篮提升机的构造、工作原理和安全技术要求；

4）熟知高处作业吊篮各安全装置工作原理和安全技术要求；

5）熟知高处作业吊篮悬挂装置和悬吊平台的结构特点及安全技术要求；

6）熟知钢丝绳的性能、安全技术要求和报废标准；

7）了解高处作业吊篮电气控制系统和主要元器件的功能和基本原理；

8）了解高处作业吊篮操作、安装、拆卸及维修作业危险源的辨识方法；

9）了解高处作业吊篮操作、安装、拆卸及维修作业前准备工作内容与要求；

10）熟知高处作业吊篮安装、调试作业内容及安全技术要求；

11）熟知高处作业吊篮安装后的检验内容和验收方法；

12）熟知高处作业吊篮日常保养、定期维修内容及修理方法；

13）熟知高处作业吊篮维修后的检验检测内容与技术要求；

14）熟知高处作业吊篮常见故障产生的原因和排除方法；

15）掌握高处作业吊篮使用、安装、拆卸和维修作业的安全操作规程；

16）了解与高处作业吊篮操作、安装和拆卸作业有关典型事故原因及处置方法；

17）熟知高处作业吊篮使用、安装和拆卸过程紧急情况的应急操作方法与要领。

3. 安全操作技能

1）熟练正确使用安全帽、安全带和安装拆卸维修工具；

2）能够正确进行施工前的现场准备工作；

3）能够按照规定的程序和技术要求对高处作业吊篮进行安装、拆卸和维修作业；

4）掌握高处作业吊篮各部件、安全装置和整机的调试技能；

5）能够全面进行高处作业吊篮安装后的质量安全检查；

6）能够正确处置高处作业吊篮在安装、拆卸和维修过程常见的问题；

7）能够正确排除高处作业吊篮使用、安拆及运行中出现的常见故障；

8）能够独立进行高处作业吊篮各部件的维护和检修作业；

9）能够对检修后的高处作业吊篮进行性能及安全检验和检测；

10）能够准确判断高处作业吊篮的故障点，且熟练排除故障；

11）能够对施工现场发生险情或故障的高处作业吊篮，采取正确有效的安全措施，且安全及时排除险情及故障；

12）在使用、安装、拆卸及维修施工现场出现紧急情况时，能够正确进行应急处置。

四、培训方式及课时分配

对高处作业吊篮操作工和安装拆卸维修工分别进行培训及考核。均采取面授与现场培训相结合的方式进行培训，不少于8h。

（1）高处作业吊篮操作工培训课时分配按附表1-1进行培训。

（2）高处作业吊篮安装拆卸维修工培训课时安排按附表1-2进行培训。

高处作业吊篮操作工培训、技能提升课时分配表 附表 1-1

序号	培训内容	培训时间
1	职业道德与施工安全基础教育	1.0h
2	高处作业吊篮基础知识	0.5h
3	高处作业吊篮基本构造与工作原理	0.5h
4	高处作业吊篮安全技术要求	0.5h
5	高处作业吊篮的安全操作	2.0h
6	高处作业吊篮维护与保养	0.5h
7	危险辨识、故障排除与应急处置	1.0h
8	高处作业吊篮实际操作现场指导训练	2.0h
	合计	8.0h

高处作业吊篮安装拆卸维修工培训、技能提升课时分配表

附表 1-2

序号	培训内容	培训时间
1	职业道德与施工安全基础教育	1.0h
2	高处作业吊篮基础知识	0.5h
3	高处作业吊篮基本构造与工作原理	0.5h
4	高处作业吊篮安全技术要求	0.5h
5	高处作业吊篮的安装与拆卸	2.0h
6	高处作业吊篮维护与保养	0.5h
7	危险辨识、故障排除与应急处置	1.0h
8	高处作业吊篮实际操作现场指导训练	2.0h
	合计	8.0h

五、考核方式及评分办法

1. 考核程序

培训完毕组织考核。

考核包括：理论考试和实际操作考核两种形式。理论考试合格者，方可参加实际操作考核。考试或考核不合格者，允许补考一次。

2. 理论考试

理论考试试卷统一命题：在理论考试试题库中随机抽取，自动生成电子版试卷，考生统一上计算机进行无纸化考试。考试时间 60min。考试完毕，由计算机当场判分，并出具考试结果。

理论试卷命题比例：判断题 30 道，分值 60 分；单项选择题 15 道，分值 30 分；多项选择题 5 道，分值 10 分。满分 100 分，60 分及以上为合格。

考试要求：独立解答，不得代考。每个考场设考评员 2 名及以上，其中设组长 1 名。

3. 实操考核

理论考试合格的考生参加实操考核。

试题类型与比例：现场实际操作题，分值 60 分；模拟操作场景考核题，分值 40 分。满分 100 分，70 分及以上合格。

考核方式：现场实际操作项目，2 名考生分为 1 组相互配合进行操作，由考评员分别对每名考生的实操表现进行现场考评打分。模拟操作场景考核，由考评员一对一以抽题口试方式进行。

六、考核结果

理论考试和实际操作考核成绩全部及格者为考核合格，吊篮操作工颁发《高处作业吊篮操作工安全技术职业培训合格证书》；吊篮安装拆卸维修工颁发《高处作业吊篮安装拆卸维修工安全技术职业培训合格证书》。

附录二：高处作业吊篮操作安装维修工考核试题库

第一部分 理论考试题库

一、判断题（正确的画 √，错误的画 ×。每题 2 分）

1. 吊篮作业人员应能正确熟练地佩戴安全帽、使用安全带和防坠安全绳。（ √ ）

2. 吊篮属于常设式悬挂设备，其特点是具有更大危险性。（ × ）

3. 安全钢丝绳必须独立于工作钢丝绳另行悬挂。（ √ ）

4. 吊篮发生故障时，操作工应及时进行排除和修理。（ × ）

5. 吊篮安装拆卸人员应配备工具包，手持工具应系上线绳与手臂相连。（ √ ）

6. 将吊篮作为垂直运输设备使用时不得超载运行。（ × ）

7. 吊篮在运行过程发现问题，操作工应立刻检修。（ × ）

8. 手持照明灯的电压不得超过 36V。（ √ ）

9. 加强钢丝绳应采用 CO 型索具螺旋扣张紧，以便于安装拆卸。（ × ）

10. 当确认手动滑降装置失效时，操作工应立即通过附近窗口撤离。（ × ）

11. "三不伤害"即：不伤害自己、不伤害他人、不被他人伤害。（ √ ）

12. 饮酒、过度疲劳或情绪异常者不准进行吊篮操作。（ √ ）

13. 吊篮的每个吊点必须设置 4 根钢丝绳，且必须独立悬挂。（ × ）

14. 上吊篮操作必须按规定系安全带，且应系牢在专用的自锁器上。（ √ ）

15. 电焊作业时，允许将悬吊平台或钢丝绳当作接地线使用。（ × ）

16. 每天作业前要认真检查钢丝绳是否有扭结、挤伤、松散、磨损、断丝。（√）

17. 必须将安全绳牢固地固定在吊篮悬挂装置的可靠部位。（×）

18. 安装拆卸作业时应戴安全帽，佩安全带、穿防滑鞋等劳动保护用品。（√）

19. 吊篮国标规定电气系统的供电应采用三相四线制。（×）

20. 吊篮国标规定急停按钮应为红色，且不能自动复位。（√）

21. 发现安全锁失灵时，安拆人员必须立即进行现场检修。（×）

22. 在吊篮作业下方，应设置警示线或安全保护栏或警戒人员（√）

23. 对于违章指挥或强令冒险作业，应先执行、再申诉。（×）

24. 不准将悬挂装置的横梁直接担在女儿墙上。（√）

25. 安全锁有效标定期限不大于 2 年。（×）

26. 不得少装、漏装、混装吊篮整机所有零部件。（√）

27. 钢芯钢丝绳公称直径减少 7.5%，可以继续使用。（×）

28. 平行移位后的吊篮可不必进行调试与试验。（×）

29. 在雨雪、大雾、大风等恶劣天气下，不得进行吊篮作业。（√）

30. 在吊篮必须与高压线或高压装置保持 5m 以上安全距离。（×）

31. 应根据平台内人员数配备安全绳，且与每根安全绳相系人数不应超过两人。（√）

32. 操作人员应从地面进出悬吊平台，必要时允许从窗口进出。（×）

33. 作业时突然断电，必须迅速排除电气箱内的故障。（×）

34. 严禁固定安全锁开启手柄，人为使安全锁失效。（√）

35. 在提升机发生卡绳故障时，应立即按反向按钮，使钢丝绳能及时退出来。（×）

36. 悬挂装置前支架的伸缩架与上立柱之中心线应安装在同一铅垂线上。（√）

37. 安全锁在锁绳状态下应不能自动复位。（√）

38. 吊篮安拆工属于特种作业人员，应培训考核持证上岗。（√）

39. 可以在悬吊平台内采用垫脚物，适当增加作业高度（×）。

40. 吊篮安拆人员不得有不适合高处作业的疾病或生理缺陷。（√）

41. 悬挂装置的加强钢丝绳张得越紧越可靠。（×）

42. 配重应准确、牢固地安装在配重点上。（√）

43. 可以将悬挂装置的横梁直接平稳地放到在女儿墙上。（×）

44. 吊篮的每个吊点必须设置2根独立安装的钢丝绳。（√）

45. 可在大雾、雷雨或冰雪等恶劣气候条件下进行作业。（×）

46. 悬吊平台向上运行时，可以用上行程限位开关来停车。（×）

47. 在吊篮运行范围内，必须与高压线或高压装置保持10m以上安全距离。（√）

48. 安全带应低挂高用。（×）

49. 吊篮国标规定电气系统的供电应采用三相五线制。（√）

50. 离心触发式安全锁属于常闭式安全锁。（×）

51. 禁止在5级风以上进行吊篮安拆作业。（√）

52. 吊篮提升机必须设有制动器，制动器必须设有手松装置。（√）

53. 与安全带连接的自锁器，必须与安全绳规格相同，且不得反装。（√）

54. 在悬吊平台内电焊作业时，应采用小电流，防电弧飞溅灼伤钢丝绳。（×）

55. 吊篮安装或拆卸时，应在施工范围的地面设警戒线或设专人值守。（√）

56. 必须在工作钢丝绳下部配置重锤（绳坠铁）。（×）

57. 应在防坠落安全绳转角处垫上软垫等防磨保护措施（√）

58. 严禁在大雾、雷雨或冰雪等恶劣天气下进行安拆作业。（√）

59. 吊篮标准规定当风力等级大于 6 级时，禁止进行吊篮安装拆卸作业。（×）

60. 行程限位开关与极限限位开关应有各自独立的控制装置。（√）

61. 运行时，安全钢丝绳应处于放松状态。（×）

62. 2017 版国标规定不得使用 U 形绳夹固定钢丝绳端部。（√）

63. 2017 版国标规定悬挂装置的抗倾覆力矩与倾覆力矩之比不得小于 2。（×）

64. 操作人员在特殊情况才可从窗口进入平台。（×）

65. 在悬吊平台悬空时，严禁随意拆卸或修理提升机、安全锁、钢丝绳等。（√）

66. 2017 版国标规定悬吊平台工作面的护栏高度应不小于 800mm。（×）

67. 吊篮发生故障应由专业维修工及时进行排除。（√）

68. 工作钢丝绳下端必须安装坠铁（重锤），将其绷直。（×）

69. 安全锁发生故障应送制造厂进行修理。（√）

70. 安全锁在锁绳状态下应能自动复位。（×）

二、单项选择题（选择一个正确答案，将对应字母填入括号。每题 2 分）

1. 离心触发式安全锁属于（C）式安全锁。

    A. 时开   B. 时闭

    C. 常开   D. 常闭

2. 钢芯钢丝绳直径减小量大于等于（B）时应报废。（d：钢丝绳公称直径）

    A. $7\% d$ B. $7.5\% d$

    C. $8\% d$ D. $8.5\% d$

3. 高处作业吊篮的电气线路绝缘电阻应不（D）。

    A. 小于 4Ω B. 大于 4Ω

    C. 小于 $0.5M\Omega$ D. 小于 $2M\Omega$

4. 吊篮与输电线之间的安全距离不小于（C）。

　　A. 3m　　　　　　　　　　B. 6m

　　C. 10m　　　　　　　　　　D. 12m

5. 安全锁发生故障时应由（D）进行修理。

　　A. 安拆工　　　　　　　　B. 修理工

　　C. 租赁单位　　　　　　　D. 制造单位

6. 吊篮新国标规定不能使用（D）进行钢丝绳端头固定。

　　A. 金属压制接头　　　　　B. 自紧楔型接头

　　C. 插接式接头　　　　　　D. U 形绳夹

7. 下列不属于额定载重量的是（B）的重量。

　　A. 操作人员　　　　　　　B. 悬吊平台

　　C. 材料　　　　　　　　　D. 工具

8. 国家标准规定安全锁的有效标定期限不大于（B）。

　　A. 半年　　　　　　　　　B. 1 年

　　C. 1.5 年　　　　　　　　D. 2 年

9. 国家标准规定摆臂防倾式安全锁的锁绳角度不应大于（D）。

　　A. 8°　　　　　　　　　　B. 10°

　　C. 12°　　　　　　　　　　D. 14°

10. 国家标准规定吊篮必须设置能够切断（D）电源的急停按钮。

　　A. 控制回路　　　　　　　B. 辅助回路

　　C. 照明回路　　　　　　　D. 主回路

11. 吊篮国标规定与每根安全绳相系的人数不应超过（B）人。

　　A. 1　　　　　　　　　　　B. 2

　　C. 3　　　　　　　　　　　D. 4

12. 国家标准规定吊篮整机稳定系数不应小于（C）。

　　A. 2　　　　　　　　　　　B. 2.5

　　C. 3　　　　　　　　　　　D. 4

13. 提升机主制动器承受（B）静态极限工作荷载 15min，应无滑移或蠕动。

A. 1.25倍　　　　　　　　B. 1.5 倍
C. 2.0倍　　　　　　　　D. 2.5 倍

14. 高处作业吊篮的电气系统供电应采用（D）制。
    A. 单相三线　　　　　　B. 三相三线
    C. 三相四线　　　　　　D. 三相五线

15. 悬吊平台工作面的护栏高度不应小于（B）mm。
    A. 800　　　　　　　　B. 1000
    C. 1050　　　　　　　D. 1100

16. 漏电保护装置的动作电流不应大于（C）mA。
    A. 10　　　　　　　　B. 20
    C. 30　　　　　　　　D. 50

17. 提升机和安全锁与悬吊平台之间应采用（D）连接。
    A. 普通螺栓　　　　　　B. 高强螺栓
    C. 高强销轴　　　　　　D. 原厂配件

18. 悬挂装置的横梁应尽量水平安装，且只允许（D）。
    A. 两端高　　　　　　　B. 中间高
    C. 后端略高于前端　　　D. 前端略高于后端

19. 断电后提升机下滑的原因不可能是（B）。
    A. 制动器失效　　　　　B. 绳夹过度磨损
    C. 绳轮槽过度磨损　　　D. 钢丝绳表面有油

20. 安装拆卸作业时，手持工具及零星物料应放在（A）里。
    A. 工具袋　　　　　　　B. 衣裤兜
    C. 平台底板　　　　　　D. 电控箱

21. 吊篮操作属于（D）高处作业，具有极大危险性。
    A. 一级　　　　　　　　B. 二级
    C. 三级　　　　　　　　D. 特级

22. 吊篮用钢丝绳悬挂系统的钢丝绳安全系数不小于（A）。
    A. 8　　　　　　　　　B. 9
    C. 10　　　　　　　　D. 12

23. 吊篮班前检查工作的直接责任人是（C）。

A. 安全员　　　　　　　　　B. 修理工

C. 操作工　　　　　　　　　D. 工长

24. 吊篮与输电线之间的安全距离不小于（D）。

A. 3m　　　　　　　　　　　B. 5m

C. 8m　　　　　　　　　　　D. 10m

25. 安全锁发生故障时应由（C）排除。

A. 操作工　　　　　　　　　B. 安全员

C. 制造厂　　　　　　　　　D. 专业修理工

26. 劳动者对于违章指挥、强令冒险作业，应该（D）。

A. 坚决执行　　　　　　　　B. 提出意见

C. 找上级解决　　　　　　　D. 拒绝执行

27. 下列不属于额定载重量的是（B）重量。

A. 操作人员　　　　　　　　B. 悬吊平台

C. 材料　　　　　　　　　　D. 工具

28. 吊篮平台异常倾斜，应由吊篮操作工处理的是（D）。

A. 调整制动器间隙　　　　　B. 更换限速器弹簧

C. 更换电动机　　　　　　　D. 调整平台内载荷分布

29. 作业完毕，悬吊平台应停放在（B）位置，并可靠固定。

A. 最顶层　　　　　　　　　B. 最底层

C. 靠紧窗口　　　　　　　　D. 便于进出

30. "三违"是指违章（C）、违章操作、违反劳动纪律。

A. 信号　　　　　　　　　　B. 指令

C. 指挥　　　　　　　　　　D. 服从

31. 发现有人触电时首先应该（C）。

A. 立即拨打急救电话

B. 迅速拉开触电者

C. 断电或用绝缘体隔离电源

D. 及时报告

32. 当发现触电者停止呼吸时，第一步应该（D）。

A. 及时报告领导　　　　　　B. 拨打急救电话

C. 就近送往医院　　　　　D. 做人工呼吸

33. 提醒人们注意周围环境，避免发生危险的安全标志是（B）。

　　A. 禁止标志　　　　　　B. 警告标志

　　C. 指令标志　　　　　　D. 提示标志

34. 强制人们必须作出某种动作或采用某种防范措施的安全标志是（C）。

　　A. 禁止标志　　　　　　B. 警告标志

　　C. 指令标志　　　　　　D. 提示标志

35. 电器或线路着火时，首先要（B）。

　　A. 用水扑灭　　　　　　B. 切断电源

　　C. 立刻报告上级　　　　D. 远离着火点

36. 烟头中心温度可达（D）℃，极易引燃现场易燃物。

　　A. 100～200　　　　　　B. 300～400

　　C. 500～600　　　　　　D. 700～800

37. 使用灭火器灭火的最佳站位是在着火点的（B）位置。

　　A. 下风　　　　　　　　B. 上风或侧风

　　C. 5m 以内　　　　　　D. 10m 以上

38. 吊篮在环境温度（C）的条件下，应能正常工作。

　　A. -10℃～+40℃　　　　B. -20℃～+40℃

　　C. -10℃～+55℃　　　　D. -20℃～+55℃

39. 在 2ZLP800B 型吊篮的型号中，被省略的代号是（B）。

　　A. 爬升式　　　　　　　B. 电动型

　　C. 更新变型代号　　　　D. 平台结构层数

40. 高处作业吊篮日常维护保养的周期是（B）。

　　A. 每天　　　　　　　　B. 每班

　　C. 每周　　　　　　　　D. 每月

41. 上限位开关失效的原因可能是（C）。

　　A. 电动机过载　　　　　B. 按钮失灵

　　C. 接触器触点粘连　　　D. 操作失误

42. 螺母拧紧后，应使螺栓露出螺母端面（C）个螺距。

A. 0～2   B. 1～3

C. 2～4   D. 3～5

43. 标准规定经常移动且由一人搬运的部件最大质量为（B）kg。

A. 20   B. 25

C. 30   D. 40

44. 轻型提升机的工作循环次数应当为（C）次。

A. 3000   B. 10000

C. 20000   D. 60000

45. 高处作业吊篮在工作处阵风风速不大于（C）m/s的条件下，应能正常工作。

A. 7.9   B. 8.0

C. 8.3   D. 10.8

46. 在正常运行中，应使用（B）停止悬吊平台运行。

A. 急停按钮   B. 升降按钮

C. 行程开关   D. 电源总开关

47. 下列不属于高处作业吊篮安全装置的是（C）。

A. 安全锁   B. 限速器

C. 制动器   D. 限位装置

48. 高处作业吊篮在电源电压偏离额定值（B）的条件下应能正常工作。

A. ±3%   B. ±5%

C. ±8%   D. ±10%

49. 高处作业吊篮的电源相序接反了，会造成（D）。

A. 系统短路   B. 电动机无法启动

C. 电机过热   D. 限位开关失效

50. 在ZLP630型吊篮的型号中，表达错误的是（C）。

A. 装修机械类   B. 爬升式

C. 手动型   D. 额定载重量630kg

三、多项选择题（将正确答案对应字母填入括号，多选或少选不得分。每题 2 分）

1. 吊篮国标规定钢丝绳端头形式应为（B、C、E）。

A. U 形钢丝绳夹　　　　　　B. 自紧楔式接头

C. 金属压制接头　　　　　　D. 其他形式接头

E. 插接式接头

2. 爬升式高处作业吊篮主要由提升机和（A、C、D、E）等基本部分组成。

A. 安全锁　　　　　　　　　B. 卷扬机

C. 悬挂装置　　　　　　　　D. 悬吊平台

E. 电气系统

3. 摆臂式安全锁的特点包括（A、B、C、D）。

A. 抗干扰性强　　　　　　　B. 现场可定量检查

C. 工作可靠性高　　　　　　D. 结构简单

E. 适用于多点悬吊的平台

4. 离心式安全锁的特点包括（B、E）。

A. 抗干扰性强　　　　　　　B. 在现场可定性检查

C. 工作可靠性高　　　　　　D. 结构简单

E. 适用于多点悬吊的平台

5. 悬吊平台能下降，但无法上升的原因可能是（A、B、C）。

A. 上升按钮失效　　　　　　B. 上升继电器损坏

C. 上行程开关被触发　　　　D. 急停开关未复位

E. 热继电器未复位

6. 安全锁锁绳打滑的原因，可能是（A、C、D、E）。

A. 安全锁的绳夹磨损过度　　B. 弹簧弹力过大

C. 锁内部污物过多　　　　　D. 钢丝绳表面有油

E. 触发机构失灵

7. 应重点排查下列电器元件（A、B、C、D）的复位问题。

A. 急停按钮　　　　　　　　B. 热继电器

C. 漏电保护器　　　　　　　D. 行程限位开关

E. 制动器整流桥

8. 下列不属于安装拆卸作业安全注意事项的是（B、E）等。

    A. 做好个人安全防护   B. 可少量饮酒但不可过量

    C. 避免立体交叉作业   D. 恶劣天气不得作业

    E. 安全带低挂高用

9. 在安装拆卸作业前，作业人员应（A、B、D、E）。

    A. 佩戴安全帽

    B. 穿防滑鞋

    C. 穿宽松装服

    D. 系安全带

    E. 备好与安全绳配套的自锁器

10. 爬升式吊篮选用交互捻钢丝绳的原因是（B、D）。

    A. 价格低廉   B. 不易旋转

    C. 不易磨损   D. 不易松股

    E. 使用寿命长

11. 高处作业吊篮电气系统必须设置（C、D、E）和短路保护装置。

    A. 防倾斜   B. 防坠落

    C. 相序   D. 漏电

    E. 过热

12. 配重悬挂装置的主要优点是（A、C、D）。

    A. 靠自身即可平衡   B. 稳定性好

    C. 使用范围广泛   D. 通用性强

    E. 便于移位和安装

13. 女儿墙卡钳的主要优点是（A、B、E）。

    A. 靠自身即可平衡   B. 结构简单

    C. 使用范围宽   D. 通用性强

    E. 便于移位和安装

14. 配重式悬挂装置抗倾覆力矩的大小，与（B、D、E）相关。

    A. 吊点处载荷   B. 配重质量

C.横梁外伸距离　　　　　D.前后支架间距

E.悬挂装置自重

15.安装与拆卸施工安全注意事项，主要包括（A、B、C、D、E）等内容。

A.劳动保护用品使用规定　B.安全警戒措施

C.安全操作规程　　　　　D.恶劣条件处置措施

E.安排好作息时间

16.施工现场临时用电的原则，包括（A、B、D）和尽量压缩配电间距等。

A.采用三级配电系统　　　B.二级漏电保护装置

C.实施"一闸多机"制　　　D.设置基本保护系统

E.动力与照明共用原则

17.高处作业吊篮前支架直接安装在女儿墙外存在的安全隐患，有（A、B、E）。

A.滑出墙外　　　　　　　B.侧翻失稳

C.前支架断裂　　　　　　D.向内移动

E.横向移动

18.工作钢丝绳卡在提升机内，正确应急处置包括（A、B、D）。

A.平台上人员保持冷静

B.按下急停按钮

C.及时按动上升按钮

D.安全撤离平台人员

E.由专业维修人员上平台排障

19.悬挂装置倾覆力矩的大小与（A、C、E）相关。

A.吊点处荷载　　　　　　B.配重质量

C.横梁外伸长度　　　　　D.前后支架间距

E.风载荷

20.悬吊平台应设有靠墙轮或（D、E），以防直接碰撞。

A.安全绳防护套　　　　　B.安全带防护套

C.电缆保护钩　　　　　　D.缓冲装置

E. 导向装置

21. 提升机经常卡绳的原因可能是（A、B、C）。

    A. 钢丝绳局部笼状   B. 绳表面粘有附着物

    C. 绳内部扭转应力过大   D. 绳轮磨损严重

    E. 分绳块磨损严重

22. 吊篮在安装前，必须仔细检查结构件有无明显（A、B、C、E）。

    A. 焊缝裂纹   B. 弯曲变形

    C. 扭曲变形   D. 表面防护

    E. 局部变形

23. 需在悬吊平台上醒目注明的是（C、D、E）。

    A. 工作电压   B. 额定电流

    C. 额定载重量   D. 允许乘载人数

    E. 安全注意事项

24. 吊篮的安全保护装置主要有（B、C、D）。

    A. 制动器   B. 安全锁

    C. 手动滑降装置   D. 限位装置

    E. 防坠安全绳

25. 吊篮额定载重量包括（A、B、E）。

    A. 施工人员重量   B. 施工材料重量

    C. 悬吊平台重量   D. 钢丝绳重量

    E. 作业工具重量

26. 电动机只响不转的原因，可能是（A、C、E）。

    A. 电源缺相   B. 相序接反

    C. 提升机被卡住   D. 制动器被打开

    E. 整流桥被击穿

27. 三级配电系统包括（B、C、D）。

    A. 电源   B. 总配电箱

    C. 分配电箱   D. 开关箱

    E. 吊篮电控箱

28. 接通电源后，平台可以下降，但无上升动作的原因可能是（B、C、E）。

    A. 电源未接通　　　　　　B. 上行接触器线圈烧毁

    C. 上行按钮损坏　　　　　D. 上行接触器触点粘连

    E. 上限位开关未复位

29. 松开操作按钮停不住车的原因可能是（A、C、D）。

    A. 接触器触点粘连　　　　B. 接触器线圈烧毁

    C. 按钮被卡住　　　　　　D. 按钮触点粘连

    E. 限位开关损坏

30. 断电后提升机下滑的原因可能是（A、B、C、E）。

    A. 压绳机构弹簧损坏

    B. 制动器摩擦片间隙过大

    C. 制动器弹簧损坏

    D. 制动器整流桥损坏

    E. 钢丝绳表面沾油过多

31. 电动爬升式提升机对减速部分的要求主要是（B、C、E）。

    A. 传动比小　　　　　　　B. 重量轻

    C. 结构紧凑　　　　　　　D. 容绳量大

    E. 可靠性高

32. 高处作业吊篮的主要受力构件报废条件，有（A、C）。

    A. 永久变形而又不能修复　B. 产生磨损

    C. 整体失稳　　　　　　　D. 表面腐蚀

    E. 出现裂纹

33. 触电对人体伤害程度与流过人体电流的（A、C、D、E）相关。

    A. 大小　　　　　　　　　B. 频率

    C. 持续时间的长短　　　　D. 性质

    E. 流过身体的部位

34. 断电后提升机下滑的原因不可能是（B、E）。

    A. 制动器失效　　　　　　B. 绳夹过度磨损

C. 绳轮槽过度磨损　　　　D. 钢丝绳表面有油

E. 限速器失效

第二部分　实操场景模拟考核题库

一、简述对吊篮钢丝绳的安全技术要求

答：

1.（单作用）钢丝绳安全系数不应小于 8。

2. 钢丝绳绳端的固定不得使用 U 形绳夹。

3. 工作钢丝绳最小直径不小于 6mm，安全钢丝绳的直径应不小于工作钢丝绳的直径。

4. 安全钢丝绳必须独立于工作钢丝绳另行悬挂。

5. 安全钢丝绳下部应配置重锤（绳坠铁）。

二、对悬挂装置安装的技术要求

答：

1. 悬挂装置的抗倾覆力矩与倾覆力矩之比不得小于 3。

2. 悬挂装置应有足够的强度和刚度。

3. 配重应准确、牢固地安装在配重点上。

4. 建筑物支承处应能承受吊篮的全部重量。

三、悬吊平台能下降，但无法上升的原因

答：

1. 上升按钮失效。

2. 上升继电器损坏。

3. 上行程开关被触发。

四、简述吊篮安装前的准备工作

答：

1. 查验待装零部件的数量和质量。

2. 查看周边环境是否存在不安全因素。

3. 查看现场的供配电是否符合标准规定。

4. 确认吊篮各部位与输电线的安全距离不小于 10m。

5. 在安装范围地面设置警戒线或专人值守。

五、简述附着式悬挂装置的优缺点

答:

优点:

1. 结构简单、零件数量少。

2. 不需配重、便于安装、拆卸和转场。

缺点:

1. 适用范围较窄,受限制条件较多。

2. 被附着的结构必须具有足够强度,且形状比较规则。

六、简述配重式悬挂装置的优缺点

答:

优点:

1. 适用范围宽,对安装现场无特殊要求。

2. 应用广泛。

缺点:

1. 构件数量多。

2. 需要配重平衡。

3. 安装、拆卸和转场工作量大。

七、把横梁架设到女儿墙上的注意事项

答:

1. 不得把横梁直接担在女儿墙上。

2. 必须采用防止横梁侧翻或滑移的技术措施。

八、简述组成吊篮的主要部件

答:

1. 悬挂装置。

2. 悬吊平台。

3. 提升机。

4. 电气控制系统。

5. 安全保护装置。

6. 工作钢丝绳和安全钢丝绳。

九、摆臂式安全锁现场检验方法

答：

1. 将悬吊平台上升至底部离开地面约 1m 处，然后两端调平。

2. 关闭一端提升机，操纵平台另一端下降，直至安全锁锁绳。

3. 测量悬吊平台底部距地面高度差即为锁绳距离。

4. 再换算成锁绳角度，检查其是否符合标准规定。

十、安装防坠安全绳的注意事项

答：

1. 将防坠安全绳固定在建筑物上，不得固定在吊篮的悬挂装置上。

2. 在防坠安全绳的转角处垫上软垫或采取有效的防磨保护措施。

3. 自锁器必须与安全绳配套使用，并且不得反装。

4. 每根坠落防护安全绳使用人数不应超过 2 人。

十一、离心式安全锁的现场检验方法

答：

1. 托起绳坠铁。

2. 握紧安全锁进绳口上部的钢丝绳，向上猛抽。

3. 查验安全锁是否触发，（定性）检验灵敏性。

十二、调整加强钢丝绳的注意事项

答：

1. 不得张得过松或过紧。

2. 旋转索具螺旋扣，初步收紧加强钢丝绳。

3. 在消除横梁各插接处的间隙后，再旋紧 4～5 扣，使横梁前端上翘 30～50mm 为宜。

4. 必须采用 OO 型索具螺旋扣。

十三、简述安装绳坠铁的注意事项

答：

1. 安全钢丝绳下端必须安装绳坠铁。

2. 坠铁底部距离地面应在 100～200mm 范围内。

3. 坠铁重量不应小于 5kg。

十四、简述安装后对横梁的检验事项

答:

1. 应使横梁尽量水平。

2. 不允许前低后高。

3. 高度差 $\Delta H \leqslant 4\%$ 横梁长度。

十五、安装上行程限位挡块的注意事项

答:

1. 行程限位和终端极限限位应各自设置独立的挡块。

2. 挡块的紧固应可靠

3. 挡块与钢丝绳吊点之间应保持 0.5m 以上的安全距离。

十六、安装前支架的注意事项

答:

1. 与地面接触应平稳扎实。

2. 有脚轮的须垫实或锁死。

3. 上立柱和下支座应在同一条垂直线上。

十七、新国标对钢丝绳端头固定的规定

答:

1. 应为金属压制接头。

2. 自紧楔型接头。

3. 其他相同安全等级的接头。

4. 不能使用 U 形钢丝绳夹。

十八、安装电源电缆的注意事项

答:

1. 使用保险钩（或套）将电源电缆的端部固定在平台栏杆上。

2. 电源电缆悬垂长度超过 100m 时，应采取抗拉保护措施。

3. 电源一端应采用母式插头。

十九、简述作业后的操作规定

答:

1. 切断电源，锁好电控箱;

2. 检查各部位安全技术状况；

3. 清扫悬吊平台各部；

4. 妥善遮盖提升机，安全锁和电控箱；

5. 将平台停放平稳，必要时捆绑固定；

6. 填写交接班记录及设备履历书。

二十、简述吊篮首次使用前的运行试验方法和步骤

答：

1. 将悬吊平台升至离地 1m 左右，检查安全锁锁绳性能；

2. 将悬吊平台升至离地 2m 左右，试验手动滑降装置有效性；

3. 在悬吊平台上升过程中，试验上行程限位装置灵敏性；

4. 在悬吊平台上升过程中，试验急停按钮有效性。

附录三：高处作业吊篮操作安装维修工理论考试样卷（无纸化）

一、高处作业吊篮操作工理论试卷（样卷）

（一）判断题（正确的画√，错误的画×。每题2分，共60分）

1. 吊篮操作工属于高危作业人员，应培训考核持证上岗。（√）

2. 吊篮属于常设式悬挂设备，具有更大危险性。（×）

3. 吊篮操作工不得有不适合高处作业的疾病或生理缺陷。（√）

4. 吊篮发生故障时，操作工应及时进行排除和修理。（×）

5. 饮酒、过度疲劳或情绪异常者不准进行吊篮操作。（√）

6. 可在大雾、雷雨或冰雪等恶劣气候条件下进行作业。（×）

7. "三不伤害"即：不伤害自己、不伤害他人、不被他人所伤害。（√）

8. 悬吊平台向上运行时，可以用上行程限位开关来停车。（×）

9. 吊篮的每个吊点必须设置2根独立安装的钢丝绳（√）

10. 在吊篮运行范围内，必须与高压线或高压装置保持6m以上安全距离。（×）

11. 安全带应高挂低用。（√）

12. 将吊篮作为垂直运输设备使用时不得超载运行。（×）

13. 上吊篮操作必须按规定系安全带，且应系牢在专用的自锁器上。（√）

14. 禁止在5级风以上使用吊篮作业。（√）

15. 电焊作业时，允许将悬吊平台或钢丝绳当作接地线使用。（×）

16. 与安全带连接的自锁器，必须与安全绳配套使用，且不得反装。（√）

17. 在悬吊平台内电焊作业时，应采用小电流，防电弧飞溅

灼伤钢丝绳。（×）

18. 吊篮作业时，应在地面设警戒线或设专人值守。（√）

19. 对于违章指挥或强令冒险作业，应先执行、再申诉。（×）

20. 应在防坠落安全绳转角处垫上软垫等防磨保护措施。（√）

21. 在提升机发生卡绳故障时，应立即按反向按钮，使钢丝绳能及时退出来。（×）

22. 吊篮标准规定当风力等级大于 6 级时，禁止吊篮作业。（×）

23. 严禁固定安全锁开启手柄，人为使安全锁失效。（√）

24. 运行时，安全钢丝绳应处于放松状态。（×）

25. 可以在悬吊平台内采用垫脚物，适当增加作业高度。（×）

26. 吊篮新国标规定悬挂装置的抗倾覆力矩与倾覆力矩之比不得小于 2。（×）

27. 操作人员在发生紧急情况时可从窗口进入平台。（×）

28. 在悬吊平台悬空时，严禁拆卸或修理提升机、安全锁等。（√）

29. 新国标规定悬吊平台工作面的护栏高度应不小于 800mm。（×）

30. 工作钢丝绳下端必须安装坠铁（重锤），将其绷直。（×）

（二）单项选择题（选择一个正确答案，将对应字母填入括号。每题 2 分，共 30 分）

1. 离心触发式安全锁属于（C）式安全锁。

    A. 时开　　　　　　　　　B. 时闭

    C. 常开　　　　　　　　　D. 常闭

2. 吊篮与输电线之间的安全距离不小于（C）。

    A. 3m　　　　　　　　　　B. 6m

    C. 10m　　　　　　　　　 D. 12m

3. 安全锁发生故障时应由（D）进行修理。

    A. 安拆工　　　　　　　　B. 现场修理工

    C. 租赁单位　　　　　　　D. 制造单位

4. 在正常运行中，应使用（B）停止悬吊平台运行。

A. 急停按钮　　　　　　　　B. 升降按钮

C. 行程开关　　　　　　　　D. 电源总开关

5. 下列不属于额定载重量的是（B）的重量。

A. 操作人员　　　　　　　　B. 悬吊平台

C. 材料　　　　　　　　　　D. 工具

6. 国家标准规定安全锁的有效标定期限不大于（B）。

A. 半年　　　　　　　　　　B. 1 年

C. 1.5 年　　　　　　　　　D. 2 年

7. 劳动者对于违章指挥、强令冒险作业，应该（D）。

A. 坚决执行　　　　　　　　B. 提出意见

C. 找上级解决　　　　　　　D. 拒绝执行

8. 上限位开关失效的原因可能是（C）。

A. 电动机过载　　　　　　　B. 按钮失灵

C. 接触器触点粘连　　　　　D. 操作失误

9. 吊篮国标规定与每根安全绳相系的人数不应超过（B）人。

A. 1　　　　　　　　　　　　B. 2

C. 3　　　　　　　　　　　　D. 4

10. 国家标准规定吊篮整机稳定系数不应小于（C）。

A. 2　　　　　　　　　　　　B. 2.5

C. 3　　　　　　　　　　　　D. 4

11. "三违"是指违章（C）、违章操作、违反劳动纪律。

A. 信号　　　　　　　　　　B. 指令

C. 指挥　　　　　　　　　　D. 服从

12. 悬吊平台工作面的护栏高度不应小于（B）mm。

A. 800　　　　　　　　　　B. 1000

C. 1050　　　　　　　　　　D. 1100

13. 吊篮班前检查工作的直接责任人是（C）。

A. 安全员　　　　　　　　　B. 修理工

C. 操作工　　　　　　　　　D. 工长

14. 提醒人们注意周围环境，避免发生危险的安全标志是（B）。

A. 禁止标志   B. 警告标志

C. 指令标志   D. 提示标志

15. 作业完毕，悬吊平台应停放在（B）位置，并可靠固定。

A. 最顶层   B. 最底层

C. 靠紧窗口   D. 便于进出

（三）多项选择题（将正确答案对应字母填入括号，多选或少选均不得分。每题 2 分，共 10 分）

1. 吊篮国标规定钢丝绳端头形式应为（B、C、E）。

A. U 形钢丝绳夹   B. 自紧楔式接头

C. 金属压制接头   D. 其他形式接头

E. 插接式接头

2. 在使用前，操作人员应（A、B、D、E）。

A. 佩戴安全帽

B. 穿防滑鞋

C. 穿宽松装服

D. 系安全带

E. 备好与安全绳配套的自锁器

3. 爬升式高处作业吊篮主要由提升机和（A、C、D、E）等基本部分组成。

A. 安全锁   B. 卷扬机

C. 悬挂装置   D. 悬吊平台

E. 电气系统

4. 工作钢丝绳卡在提升机内，正确应急处置包括（A、B、D、E）。

A. 平台上人员保持冷静

B. 按下急停按钮

C. 及时按动上升按钮

D. 安全撤离平台人员

E. 由专业维修人员上平台排障

5. 吊篮额定载重量包括（A、B、E）。

A. 施工人员重量　　　　　B. 施工材料重量

C. 悬吊平台重量　　　　　D. 钢丝绳重量

E. 作业工具重量

二、高处作业吊篮安装拆卸维修工理论试卷（样卷）

（一）判断题（正确的画√，错误的画×。每题2分，共60分）

1. 吊篮作业人员应能正确熟练地佩戴安全帽、使用安全带和防坠安全绳。（√）

2. 吊篮属于常设式悬挂设备，其特点是具有更大危险性。（×）

3. 安全钢丝绳必须独立于工作钢丝绳另行悬挂。（√）

4. 吊篮发生故障时，安拆人员应及时进行排除和修理。（×）

5. 吊篮安装拆卸人员应配备工具包，手持工具应系上线绳与手臂相连。（√）

6. 将吊篮作为垂直运输设备使用时不得超载运行。（×）

7. 吊篮在运行过程发现问题应及时保养、调整和检修。（×）

8. 手持照明灯的电压不得超过36V。（√）

9. 加强钢丝绳应采用CO型索具螺旋扣张紧，以便于安装拆卸。（×）

10. 当确认手动滑降装置失效时，吊篮操作人员应立即通过附近窗口撤离。（×）

11. "三不伤害"即：不伤害自己、不伤害他人、不被他人伤害。（√）

12. 饮酒、过度疲劳或情绪异常者不准进行吊篮操作。（√）

13. 吊篮的每个吊点必须设置4根钢丝绳，且必须独立悬挂。（×）

14. 上吊篮操作必须按规定佩戴安全带，且应系牢在专用的自锁器上。（√）

15. 电焊作业时，允许将悬吊平台或钢丝绳当作接地线使用。（×）

16. 每天作业前要认真检查钢丝绳是否有扭结、挤伤、松散、

磨损、断丝。（√）

17. 必须将防坠落安全绳牢固地固定在吊篮悬挂装置的可靠部位。（×）

18. 安装拆卸作业时应戴安全帽，佩安全带、穿防滑鞋等劳动保护用品。（√）

19. 吊篮国标规定电气系统的供电应采用三相四线制。（×）

20. 吊篮国标规定急停按钮应为红色，且不能自动复位。（√）

21. 发现安全锁失灵时，安拆人员必须立即进行现场检修。（×）

22. 在吊篮安拆作业下方，应设置警示线或安全保护栏或警戒人员。（√）

23. 对于违章指挥或强令冒险作业，操作人员应先执行、再申诉。（×）

24. 不准不安装前支架而将悬挂装置的横梁直接担在女儿墙上。（√）

25. 安全锁必须在有效标定期限内使用，有效标定期限不大于2年。（×）

26. 不得少装、漏装、混装吊篮整机所有零部件。（√）

27. 钢芯钢丝绳公称直径减少7.5%，但未发现断丝，可以继续使用。（×）

28. 新安装的吊篮必须进行全面调试，平行移位后可不必进行调试与试验。（×）

29. 在雨雪、大雾、大风等恶劣天气下，不得进行吊篮安装或拆卸作业。（√）

30. 在吊篮运行范围内，必须与高压线或高压装置保持5m以上安全距离。（×）

（二）单项选择题（选择一个正确答案，将对应字母填入括号。每题2分，共30分）

1. 国家标准规定吊篮正常工作处阵风风速应不大于（B）m/s。

A. 6.3   B. 8.3

C. 10.3   D. 10.8

2. 国家标准规定吊篮与输电线之间的安全距离不小于（D）。

A. 3m
B. 5m

C. 8m
D. 10m

3. 国家标准规定悬挂装置抗倾覆力矩与倾覆力矩的比值不得小于（D）。

A. 1.5
B. 2

C. 2.5
D. 3

4. 上行程限位挡块的安装位置与钢丝绳上吊点的安全距离不应小于（D）。

A. 0.2m
B. 0.3m

C. 0.4m
D. 0.5m

5. 吊篮电气系统的接地电阻不应（C）。

A. 小于 $2M\Omega$
B. 小于 $2M\Omega$

C. 大于 4Ω
D. 小于 4Ω

6. 下列不属于安全装置的是（D）。

A. 安全锁
B. 限位装置

C. 急停按钮
D. 制动器

7. 高处作业吊篮用钢丝绳的安全系数不应小于（A）。

A. 8
B. 9

C. 10
D. 12

8. 摆臂式安全锁属于（B）式安全锁。

A. 常开
B. 常闭

C. 摆动
D. 固定

9. 吊篮国标规定安全锁每使用（C），必须进行重新标定。

A. 6 个月
B. 9 个月

C. 12 个月
D. 18 个月

10. 吊篮国标规定悬吊平台踢脚板高度不小于（C）。

A. 100mm
B. 120mm

C. 150mm
D. 200mm

11. 加强钢丝绳应采用（C）型索具螺旋扣来调整张紧度。

A. CC   B. CO

C. OO   D. 任何型号均可

12. 相序保护继电器的作用之一，是（C）。

A. 过载保护   B. 短路保护

C. 缺相保护   D. 过热保护

13. 安全钢丝绳安装的绳坠铁底部距离地面应在（A）范围内。

A. 100～200mm   B. 100mm 以下

C. 20mm 以上   D. 都可以

14. 吊篮必须采用常闭式主制动器，在断电状态下制动器处于（C）状态。

A. 分离   B. 半分离

C. 接合   D. 半接合

15. 电源电缆悬垂长度超过（C）m 时，应采取抗拉保护措施。

A. 60   B. 80

C. 100   D. 120

（三）**多项选择题**（将正确答案对应字母填入括号，多选或少选均不得分。每题 2 分，共 10 分）

1. 安全锁锁绳打滑的原因，可能是（A、C、D、E）。

A. 安全锁的绳夹磨损过度   B. 弹簧弹力过大

C. 锁内部污物过多   D. 钢丝绳表面有油

E. 触发机构失灵

2. 配重式悬挂装置抗倾覆力矩的大小，与（B、D、E）相关。

A. 吊点处载荷   B. 配重质量

C. 横梁外伸距离   D. 前后支架间距

E. 悬挂装置自重

3. 工作钢丝绳卡在提升机内时，正确的应急处置包括（A、B、D、E）。

A. 平台上人员保持冷静

B. 按下急停按钮

C. 及时按动上升按钮

D. 安全撤离平台人员

E. 由专业维修人员上平台排障

4. 提升机经常卡绳的原因可能是（A、B、C）。

A. 钢丝绳局部笼状　　　　B. 绳表面粘有附着物

C. 绳内部扭转应力过大　　D. 绳轮磨损严重

E. 分绳块磨损严重

5. 吊篮的安全保护装置主要有（B、C、D、E）

A. 制动器　　　　　　　　B. 安全锁

C. 手动滑降装置　　　　　D. 限位装置

E. 防坠安全绳

附录四：高处作业吊篮操作安装维修工实际操作考核记录表（样表）

一、高处作业吊篮操作工实际操作考核记录表（样表）

姓名：　　　　　　　　　　　　　准考证号：

序号	项目		扣分标准	分值	扣分
1	安全带、安全帽佩戴		不正确的每处扣 5 分	10 分	
2	安全绳、自锁器使用		不正确的每处扣 5 分	10 分	
3	空载升降运行操作		不正确的扣 5～10 分	10 分	
4	安全锁锁绳试验		不符合要求的扣 10 分	10 分	
5	限位开关试验		不正确的扣 5～10 分	10 分	
6	手动滑降试验		不准确的扣 5～10 分	10 分	
7	急停操作		不正确的扣 10 分	10 分	
8	口述其中一道题	简述吊篮的主要部件		15 分	
		简述摆臂式安全锁现场检验方法			
		简述 ZLP800 型号中各代号的含义			
		简述作业后的操作规定			
		简述吊篮首次使用前的运行试验方法和步骤			
9	口述其中一道题	简述松开按钮后，平台继续运行时的应急操作		15 分	
		简述施工中突遇断电时的应急操作			
		简述工作钢丝绳卡在提升机内时的应急操作			
		简述平台单点悬挂时的应急操作			
		简述平台倾斜角度过大时的应急操作			
	合计				

考评员签字：　　　　　考评组长签字：　　　　　监考人员签字：

考核日期：　　　　年　　月　　日

214

二、高处作业吊篮安装维修工实际操作考核记录表（样表）

姓名：　　　　　　　　　　　　　　　准考证号：

序号	考核项目	扣分标准	分值	扣分
1	安全带、安全帽佩带	不正确的每处扣 2.5 分	5 分	
2	安全绳、自锁器使用	不正确的扣 5 分	5 分	
3	空载升降运行操作	不熟练的扣 5 分	5 分	
4	安全锁锁绳试验	不符合要求的扣 10 分	10 分	
5	限位开关试验	不正确的每处扣 5 分	10 分	
6	手动滑降试验	不正确的扣 5～10 分	10 分	
7	急停操作	不正确的扣 5 分	5 分	
8	模拟实操场景考核项目	（1）简述安装防坠安全绳的注意事项	10 分	
		（2）简述离心式安全锁现场检验方法	10 分	
		（3）简述调整加强钢丝绳的注意事项	10 分	
9	纠正安装作业错误	（1）找出并纠正图片中安装错误之处	10 分	
		（2）找出并纠正图片中安装错误之处	10 分	
合　计			100 分	

考评员签字：　　　　　　考评组长签字：　　　　　　监考人员签字：

考核日期：　　　年　　月　　日

参 考 文 献

［1］《中华人民共和国宪法》

［2］《中华人民共和国刑法》

［3］《中华人民共和国劳动法》

［4］《中华人民共和国安全生产法》

［5］《中华人民共和国建筑法》

［6］《中华人民共和国消防法》

［7］《建设工程安全生产管理条例》（中华人民共和国国务院令第 393 号）

［8］《特种作业人员安全技术培训考核管理规定》（国家安全生产监督管理
总局令第 80 号）

［9］《危险性较大的分部分项工程安全管理规定》（国家住房和城乡建设部
令第 37 号）

［10］《建筑业从业人员职业道德规范（试行）》（（97）建建综字第 33 号）

［11］《住建部办公厅关于实施〈危险性较大的分部分项工程安全管理规
定〉有关问题的通知》（建办质〔2018〕31 号）

［12］《建筑施工特种作业人员管理规定》（建质〔2008〕75 号）

［13］《关于建筑施工特种作业人员考核工作的实施意见》（建办质〔2008〕
41 号）

［14］中华人民共和国国家标准. 高处作业吊篮 GB/T 19155—2017 ［S］
北京：中国标准出版社，2017.

［15］中华人民共和国国家标准. 头部防护 安全帽 GB 2811—2019 ［S］北
京：中国标准出版社，2019.

［16］中华人民共和国国家标准. 安全标志及使用导则 GB 2894—2008 ［S］
北京：中国标准出版社，2009.

［17］中华人民共和国国家标准. 高处作业分级 GB/T 3608—2008 ［S］北

京：中国标准出版社，2009.

[18] 中华人民共和国国家标准. 起重机 钢丝绳 保养、维护、检验和报废 GB/T 5972—2016 [S] 北京：中国标准出版社，2016.

[19] 中华人民共和国国家标准. 钢丝绳用楔形接头 GB/T 5973—2006 [S] 北京：中国标准出版社，2006.

[20] 中华人民共和国国家标准. 钢丝绳铝合金压制接头 GB/T 6946—2008 [S] 北京：中国标准出版社，2009.

[21] 中华人民共和国国家标准. 安全带 GB 6095—2009 [S] 北京：中国标准出版社，2009.

[22] 中华人民共和国国家标准. 坠落防护 带柔性导轨的自锁器 GB/T 24537—2009 [S] 北京：中国标准出版社，2010.

[23] 中华人民共和国国家标准. 坠落防护 安全绳 GB 24543—2009 [S] 北京：中国标准出版社，2010.

[24] 中华人民共和国行业标准. 施工现场临时用电安全规范 JGJ 46—2005 [S] 北京：中国建筑工业出版社，2005.

[25] 中华人民共和国行业标准. 建筑施工高处作业安全技术规范 JGJ 80—2016 [S] 北京：中国建筑工业出版社，2016.

[26] 江苏省高空机械吊篮协会标准. 高处作业吊篮施工安全管理规程 T/JSDL 001—2017 [S]，2018.

[27] 江苏省高空机械吊篮协会标准. 高处作业吊篮检测与安全评估规程 T/JSDL 002—2017 [S]，2018.

[28] 张华. 建筑施工高处作业机械安全使用与事故分析 [M]. 北京：中国建筑工业出版社，2011.

[29] 张耀光. 高空作业机械安全操作与维修 [M]. 北京：中国劳动社会保障出版社，2011.

[30] 中国建筑业协会建筑安全分会，北京康建建安建筑工程技术研究有限责任公司. 高处施工机械设施安全实操手册 [M]. 北京：中国建筑工业出版社，2016.

[31] 中国职业安全健康协会高空服务业分会，北京市西城区安全生产监督管理局，北京市劳动保护科学研究所. 高空服务业企业安全管理

手册 [M]. 北京: 中国标准出版社, 2017.

[32] 江苏省高空机械吊篮协会高处作业吊篮安装拆卸工 [M]. 北京: 中国建筑工业出版社, 2019.